LUISA DI BIAGIO

AUTISMO E APPRENDIMENTO

2019

Sommario

capitolo

pagina

Prefazione di Bert Pichal

Con enorme piacere ho letto questo libro che affronta con grande chiarezza e franchezza una tematica tanto complessa quanto delicata. Il fatto che viene affrontato da una persona che vive in prima persona l'autismo e che lavora ogni giorno come professionista con altri bambini e adulti autistici, rende il tutto molto interessante e mette in discussione alcune strategie d'insegnamento che a tutt'oggi nella cultura neurotipica vengono utilizzate come se fosse l'unica strada percorribile. Forse è questo l'aspetto che mi ha colpito di più in questo libro, perché invita a fare proprio questo, mettere in discussione come e perché si interviene e di conseguenza anche se stessi. Il mio maestro Theo Peeters, che purtroppo è venuto a mancare all'inizio dello scorso anno, mi ha insegnato che dobbiamo avere rispetto per la "Cultura Autistica", per il modo diverso, non minore, di percepire e apprendere nell'autismo. Dobbiamo avere rispetto per uno stile cognitivo differente dalla cultura "tipica", cercare di conoscerlo e comprenderlo. In questo mi sono sempre trovato d'accordo con lui. Da fratello di due persone neurodiverse, ho imparato sulla pelle che l'approccio da antropologo è quello che permette meglio di qualunque altr'approccio alle due culture di incontrarsi nel rispetto reciproco. I neurotipici sono forti della maggioranza e il sistema fornisce loro strumenti adeguati, questo li rende meno vulnerabili. Di conseguenza, dal punto di vista etico, dovrebbero fare lo sforzo più grosso. Leggendo questo libro mi viene da pensare che spesso accade il contrario, sono i neurodiversi che si sforzano di più, costretti a sopravvivere in un mondo che non è adattato al funzionamento autistico.

Leggere questo libro ci permette di vedere l'apprendimento dal punto di vista neurodiverso, anche se difficilmente il neurotipico sarà in grado di farlo al 100%, perché lo stile d'apprendimento del neurotipico ha comunque i suoi limiti. Ma essere più consapevole dei nostri limiti ci permette di avvicinarsi sempre di più al funzionamento autistico.

Potreste rimanere turbati dalle critiche che vengono rivolte alla cultura neurotipica. Cercate di vederlo come un'opportunità per capire la sofferenza che i neurodiversi vivono quotidianamente. Usate la vostra teoria della mente e mettetevi nei loro panni. Queste persone accumulano tanto stress, sconforto e di conseguenza rabbia ed è quindi inevitabile che in questo testo a momenti traspare questa rabbia. Cercate di capirla e guardate oltre, vi permetterà di crescere professionalmente, ma anche umanamente.

Un testo come questo, testimonia, ancora una volta, la grande capacità di applicazione e di approfondimento che persone come Luisa possono avere. Il libro è destinato soprattutto ad operatori e tecnici che vogliono conoscere le buone prassi per l'autismo. Gli esempi concreti aiutano a comprendere i concetti teorici e dovrebbero migliorare la nostra capacità ad aiutare le persone autistiche a crescere in modo più sereno, a diventare persone più forti e più capaci di sviluppare le proprie potenzialità, nel rispetto del loro funzionamento neurodiverso. Ci tengo a sottolineare che il libro è destinato ad operatori e professionisti sia neurotipici che autistici che hanno il compito di organizzare percorsi per favorire l'apprendimento nell'autismo, per offrire anche agli autistici pari diritti e opportunità.

Bert Pichal Ortopedagogista, sibilig

Autismo e Apprendimento

1. Cos'è l'Autismo

È definito autismo l'insieme delle condizioni umane determinate da una organizzazione neurologica di base che ha caratteristiche precise, comuni in ogni manifestazione, e che discostano dal tipo di organizzazione neurologica di base condivisa dalla maggior parte della popolazione sana o in condizione patologica.

Tali caratteristiche sono alla base di tutto il sistema sensoriale, percettivo, logico e comportamentale e, seppure con innumerevoli variabili e sfumature, determinano una serie di conseguenze sempre riconducibili ad esse.

Cosa vuol dire?

Vuol dire che la manifestazione degli autismi può essere diversa per ogni persona, esattamente come è diversa la manifestazione delle diverse forme della condizione tipica, mentre alla base, ciò che determina questa serie di differenze è simile per ogni tipo di gruppo: tutte le persone tipiche del mondo, siano esse sane o in condizione patologica, hanno in comune un determinato sistema di organizzazione neurologica. Lo stesso vale per tutti gli autistici del mondo e della storia.

Per comprendere meglio questo concetto si pensi a quello che accomuna tutte le femmine del mondo e tutti maschi del mondo. In quante variabili possibili l'umanità manifesta il genere maschile e quello femminile? Eppure, per quanto diverse morfologicamente o psicologicamente o culturalmente, due persone dello stesso sesso avranno in comune il genere di appartenenza con tutte le conseguenze biologiche ad esso connesse.

Questo vale anche per le persone transgender, che restano biologicamente del genere di nascita anche una volta acquisito il riconoscimento del genere di appartenenza morale o culturale nel quale si identificano e che hanno tutti gli effetti che il genere biologico ha determinato nell'organismo sin dall'embriogenesi.

In questo insieme di aspetti del complesso sistema umano le condizioni tipiche e autistiche si pongono come elementi cardine di tutta la storia dell'evoluzione, del pensiero e del comportamento umano. Contrariamente a quanto si è portati a ritenere, infatti, Autismo è funzionalità più che deficit.

Per essere precisi vi sono tecnicamente dei "deficit" o delle "carenze" reciproche sia nella condizione autistica che in quella tipica, tali carenze si compensano perfettamente le une con le altre in contesti storici, culturali e sociali in cui una condizione non viene demonizzata a scapito dell'altra.

Ancora una volta potremmo fare il paragone con il genere o il grado di pigmentazione della pelle o l'etnia: la qualità della vita è migliore per tutti nei paesi in cui non esiste sessismo o razzismo, crolla precipitosamente al contrario nei paesi dove sessismo e razzismo sono criteri riconosciuti come solidi. E crolla sia per la parte di popolazione ritenuta "inferiore" o inadeguata/indesiderabile che per quella che si ritiene "superiore" o adeguata/desiderabile.

Di fatto, osservando il profilo storico e politico dell'umanità, appare chiaro come il legame vincolante tra diverse parti dell'intera popolazione determini svantaggi anche alla parte che tenta di "affondare" l'altra, esattamente come se, utilizzando una metafora, si tentasse di far affondare qualcuno a cui siamo legati da una solida catena.

Questa breve premessa era necessaria per introdurre il concetto alla base di tutto il lavoro e lo studio sull'autismo degli ultimi decenni e dei prossimi futuri: superare l'enorme limite che ha generato e continua a generare danni concreti incalcolabili a persone vere, che esistono veramente nella realtà.

Qual è questo limite?

Il limite è quello di considerare l'autismo tutto come un errore, un problema, una patologia.

Fino a pochi decenni fa lo stile di vita occidentale era completamente diverso. Non esisteva la sovrastimolazione sensoriale a cui oggi siamo tutti esposti, la notte era scura e il giorno c'era luce. Si mangiava quasi sempre lo stesso cibo, salvo rare eccezioni e solo per i più facoltosi, ci si lavava poco e con rituali e ritmi stabiliti, gli abiti indossati erano sempre gli stessi, raramente si cambiava casa, o un mobile o un colore in un ambiente. Anche la struttura sociale era completamente diversa: si parlava meno e diversamente, chi sapeva veniva ammirato e premiato, la costanza e alcune caratteristiche ad esempio femminili associabili al profilo autistico erano addirittura considerate virtù e prese ad esempio. Uno stile di vita che non ha mai determinato disturbo per millenni. Senza manifestazione di disagio era impossibile individuare le persone neuro diverse come un problema, la neuro diversità riconoscibile quando anche inconsapevolmente descritta dai nostri antenati anzi presentava caratteristiche perfino desiderabili.

Cosa è successo dopo?

Quello che è successo è che c'è stato, in occidente, un fenomeno definibile sbilanciamento culturale, a favore dei criteri della cultura tipica ma in realtà, per molti aspetti, a svantaggio di tutti. L'ambiente urbano e sociale attuale è sovraffollato di stimoli, visivi, olfattivi, uditivi, tattili, i rapporti umani sono precipitati in un turbinio quasi selvaggio, con fenomeni di violenza e regressioni culturali impressionanti.

Canali di potenziale accesso al sapere come la rete network sono prevalentemente utilizzati per crociate sociali a favore o contro una scelta personale, un modo di vestire, di acconciarsi i capelli, di scegliere la razza del cane da compagnia...

Questo fenomeno, interessante dal punto di vista storico e antropologico, ha determinato un impatto devastante nella popolazione autistica tutta. Si pensi solo alle scuole, partendo dalla considerazione dell'organizzazione degli edifici. Io sono nata nel 1972, ho frequentato scuole monocolore (verde "ospedale"), mono-odore, in cui le regole erano chiare e inviolabili, i silenzi preziosi, le competenze lodate.

Oggi quando entro in una primaria per i Gruppi H (GLH, cioè gruppo di lavoro Handicap, a volte per bambini con un QI e un potenziale superiore a tutti i docenti presenti alla tavola rotonda messi insieme è un concetto del tutto discutibile.) solo immergendomi in quella pressione di colori e oggetti svolazzanti e polverosi mi sento male ed ho poi bisogno di qualche giorno per riprendermi. Pareti anche di otto colori diversi per ogni stanza, cartelloni e sagome malamente ritagliate o rotte appese in modo confuso su muri e pendenti e dondolanti da soffitti, lampadari e cornici; odori mescolati nauseanti. Posso affermare senza dubbio, e non me ne voglia la mia docente di storia del Liceo, che sosteneva che nella storia non esistono i "SE", che SE io avessi vissuto l'esperienza scolastica alle condizioni attuali ne sarei uscita devastata.

Le relazioni sociali a scuola erano completamente diverse. Io ho imparato a leggere precocemente. Durante le elementari mi annoiavo terribilmente e mentre quelli che erano i miei compagni faticavano sui vecchi sussidiari io leggevo le enciclopedie e i testi universitari dei miei genitori, facevo ricerche, osservavo il comportamento animale e le carcasse che potevo raccogliere e conservare. Negli anni settanta e ottanta quando correggevo i docenti venivo lodata. Oggi quando mio figlio, autistico anche lui, corregge una imprecisione di un docente, come ad esempio l'affermazione che i ragni sono insetti, viene rimproverato e accusato di essere superbo e saccente. Io venivo mostrata ad esempio per la classe, lui esposto come "perdente" e vittima, di conseguenza, di feroce bullismo a scuola.

Dove erano dunque gli autistici urlanti che avevano attacchi di panico e scaraventavano i banchi trenta o quaranta anni fa? Non c'erano, o meglio c'erano, ma non avevano nessun motivo di manifestare un disagio in tale misura perché le condizioni erano completamente diverse.

Oggi la condizione di autismo, in ognuna delle sue manifestazioni, è considerata una Malattia Mentale. In alcuni paesi Europei, come Olanda e Belgio, rientra tra le possibili condizioni per le quali è possibile richiedere l'eutanasia. Un articolo di Charles Lane pubblicato sul Washington Post nel 2016, "Si può praticare eutanasia su persone con disturbi mentali?" riporta i casi aberranti di eutanasie effettuate su persone autistiche, una delle quali una donna di 37 anni, che aveva ricevuto diagnosi da poco. La diagnosi, che avrebbe dovuto porre sotto una luce nuova e completamente diversa il vissuto della donna e fornire una chiave di comprensione delle motivazioni alla base degli insuccessi terapeutici fino ad allora tentati considerandola una persona tipica, ha invece avuto il terribile esito di inserire la donna nella categoria di "persone con malattia mentale aventi diritto a richiedere l'eutanasia".

Le testimonianze di adulti autistici olandesi offrono uno spaccato drammatico della situazione: coloro che per potenziale cognitivo, seppure privati del diritto allo studio e alla qualifica, riescono individualmente a procurarsi una base di nozioni e ad inserirsi nel mondo del lavoro sono costretti a farlo rinnegando la propria identità. Alcuni di loro, non trovando collocazione lavorativa e nemmeno sentimentale esponendosi come persone autistiche, scelgono di nascondere la diagnosi e in questo modo si adattano a condizioni di lavoro e a relazioni sentimentali, che in "veste" di neuro tipici trovano, nascondendo sia in ambito lavorativo che in ambito sentimentale che sono neuro diversi.

Questo dato da solo, oltre che drammatico, si pone come una ferita sociale enorme.

Ma la cosa più importante è che dovrebbe far riflettere proprio coloro che ritengono che l'autismo sia una invalidità a priori. Se ci sono persone che ricevono la diagnosi da adulte, e sono sempre più numerose e si tratta di persone che cercano autonomamente una valutazione, e se ce ne sono altre che scelgono di non dire che sono autistiche e riescono a vivere e ad inserirsi in questo modo, tenendolo nascosto anche ai membri della rete sociale più stretta, è palese che l'intero sistema che emargina gli autistici ma non sa riconoscerli a meno che non si tratti di condizioni sostanzialmente invalidanti e che impediscono un adattamento funzionale autonomo, prima di dire chi o COSA è o sembra autismo bisognerebbe che si facesse ben altre domande.

Non capire cosa sia l'autismo è il primo problema per l'autismo, non dell'autismo. La condizione neurologica di base determina il modo in cui una eventuale disabilità di manifesta, non rappresenta essa stessa una disabilità. Anzi, nelle condizioni di severa dipendenza, la conoscenza del funzionamento di base offre una chiave di lettura e utilizzo di risorse altrimenti non fruibili. É proprio per gli autismi non funzionali che è importante capire che l'autismo è altro rispetto al "problema" percepito.

Cosa vuol dire vedere l'ago prima del pagliaio?

Un detto inglese recita che un buon autistico individua l'ago prima ancora di vedere il pagliaio. Tale metafora descrive molto bene la percezione autistica, che andremo ad analizzare nei capitoli seguenti, ma cosa significa nel concreto?

Il sistema percettivo, l'immagazzinamento di informazioni e l'utilizzo di dati, nell'autismo, è completamente diverso rispetto a quello delle persone tipiche. Gli elementi presenti in ambiente arrivano e vengono immagazzinati e catalogati in base a caratteristiche che i tipici nemmeno notano. Questi due sistemi, quello autistico e quello tipico, presentano delle carenze reciproche che però, nella prospettiva evolutiva, assumono la meravigliosa conformazione a incastro che ha permesso nel corso della storia l'evoluzione della specie. E infatti per millenni l'organizzazione umana intera ha utilizzato criteri sociali e di comunicazione molto meno tipici di quelli attuali.

Quali sono le principali differenze di funzionamento tra condizione autistica e tipica?

Le informazioni acquisite e catalogate in base a dettagli impegnano una grandissima parte delle risorse cognitive e percettive. Nell'autismo si parla di verticalizzazione dell'apprendimento facendo riferimento a metaforiche "colonne" nelle quali sono inseriti elementi che hanno caratteristiche comuni. Tale definizione è chiaramente arbitraria, non essendoci nella mente alcuni limite di spazio, ma rende bene l'idea delle categorizzazioni e della percezione che Simon Baron Cohen definisce "Sistemizzazione". Al contrario la percezione tipica, meno sensibile, non reattiva al dettaglio, tende a cogliere "Il senso generale" e ad avere una cosiddetta "visione d'insieme" dell'ambiente, peraltro ovviamente influenzata o addirittura veicolata da impressioni emotive e suggerimenti sociali, questi ultimi con un ruolo decisivo nella struttura della percezione stessa. Avere l'idea dell'insieme e avere chiara l'idea di ogni singolo particolare che l'insieme contiene, sembra essere qualcosa che non possa essere contenuta completamente in un solo cervello. Strategia affascinante evolutiva è da considerarsi la caratteristica di aver suddiviso tali competenze all'interno della specie, associando capacità diverse a strutture neurologiche diverse, tutte funzionali, tutte perfettamente ad incastro a vantaggio della specie. Strategie simili, di distribuzione delle competenze all'interno di un gruppo di specie, sono frequenti in biologia. Si pensi alla semplice distribuzione di tendenze associabili al genere (multitasking favorito dagli ormoni fin dall'embriogenesi ad esempio) o ai più delicati sistemi di competenze che si basano su strutture e schemi sociali nei primati, come l'intatta competenza di sopravvivere al gelo nei macachi giapponesi mantenuta nel corso dei millenni dal tipo di struttura gerarchica sociale che impedisce ai membri di rango inferiore di godere del vantaggio di superare l'inverno al caldo delle acque termali.

Negli ultimi decenni, insomma, stiamo assistendo ad un rifiuto della condizione autistica talmente radicato da arrivare a determinare la negazione dei diritti basilari umani alle persone diagnosticate. Si pensi che non esiste criterio per la valutazione del benessere nell'autismo e si considerano "di successo" gli interventi che portano all'emissione di comportamenti che mascherano i tratti autistici o che imitano la forma di quelli tipici, a prescindere da come tali risultati siano stati ottenuti e da cosa si celi sotto il modellamento comportamentale.

Si pensi che persino gli ormai numerosissimi studi su autismo e IAA (Interventi Assistiti dagli Animali) riportano criteri per la valutazione del benessere nell'animale non umano durante l'intervento, considerato sempre stressante per l'animale stesso, e mai la minima considerazione del benessere del destinatario dell'intervento. L'autistico è, nell'immaginario collettivo ma anche nell'immaginario medico e accademico medio, un "neurotipico rotto da correggere/aggiustare", a prescindere da cosa sente, da cosa "gli pare di sentire" e da quale sia la sua età.

Un bambino smette di essere bambino quando viene identificato come autistico. La confusione si amplifica quando la valutazione deve essere effettuata o rieffettuata su adulti, in particolare sulle femmine, o su persone che hanno seguito percorsi con interventi cognitivi o comportamentali che ne influenzano i tratti manifesti. A quel punto le strategie acquisite di adattamento, ben esplicitate nel DSM 5, confondono le idee di valutatori che, seppure non troppo competenti, spesso ricoprono ruoli di responsabilità, ed ecco che persone autistiche che hanno investito risorse e anni per acquisire apprendimenti della socialità tipica o per mascherare segni di disagio, che sono state addestrate all'utilizzo di tali strategie o hanno fatto un percorso che le ha portate a comprenderle e quindi a usarle consapevolmente una volta attribuito loro un significato comprensibile, escono dal target di riconoscimento generando enormi disagi e grande confusione dovuta a diagnosi incoerenti, ripensamenti, negazioni di identità e così via. Arrivando a divulgare credenze di possibile guarigione dall'autismo e altre facezie simili. Il risultato purtroppo è sempre a carico degli autistici e delle famiglie coinvolte che sono immerse in un mare di confusione e indicazioni discordanti. Per esperienza personale posso riportare che ho impiegato anni di lavoro cognitivo, per comprendere il ruolo di diverse forme di comunicazione della cultura tipica, ad esempio il "rispondere con esempi personali" ad affermazioni di manifesta esperienza di sofferenza, o "riferirsi a esperienze personali legate all'argomento quando una domanda posta in senso generico tocca argomenti privati. Ad esempio se dieci anni fa quando il mio interlocutore rispondeva ad una mia comunicazione di un disagio esponendone uno suo di tutt'altra natura, io pensavo e spesso dicevo che la cosa non mi interessava, che non era quello l'argomento in questione e che pensavo che l'altro non avesse capito. Oggi so che raccontare un proprio "guaio" quando qualcuno ti racconta il "suo" è un modo per garantire vicinanza emotiva, anche affettiva, ascolto e interesse, un modo che, nell'implicito della complessità del sistema di comunicazione neurotipico, indica qualcosa come "Sappi che posso capirti, e posso farlo perché ho avuto esperienza diretta di un problema quindi posso capire i problemi e posso capire come ci si sente nel viverli". Un altro esempio è quello relativo ad uno dei passaggi del test standardizzato ADOS, durante il quale ad un certo punto viene fatta una domanda come "Cosa è per te il matrimonio?". A quella domanda io, come ogni buon autistico, ho risposto in modo letterale descrivendo il ruolo sociale e antropologico della convenzione del matrimonio anche dopo numerose domande a riguardo. Anche in quel caso mi ci sono voluti anni di lavoro e di aiuto strutturato per comprendere che "cosa è PER TE il matrimonio?" è, nella cultura tipica, una domanda che contiene un implicito importante che si basa sul criterio della valutazione di alleanze che è alla base della comunicazione tipica. L'implicito è più o meno il seguente: "Fammi capire per favore che tipo di persona sei, che emozioni hai, quali sono le tue vulnerabilità su temi delicati come l'amore, i sentimenti, la gioia o il rifiuto, l'esperienza di elementi emotivi intensi come l'unirsi ad un'altra persona, ecc..". Tutto questo mi era precluso, come era precluso ai miei interlocutori in passato comprendere i miei criteri. Ebbene qual è il paradosso? Il paradosso oggi è che poiché io ho acquisito "a tavolino", dopo averlo studiato, e provato e simulato e ragionato, uno dei metodi di comunicazione che si basa su questo tipo di rimando sociale nell'interazione secondo i criteri neurotipici, proprio questo aspetto, così tanto "sudato" è stato tra gli elementi del mio comportamento che sono stati usati contro di me per screditare la mia diagnosi quando mi si voleva far tacere. Purtroppo questo accade continuamente a quasi tutte le donne diagnosticate, in particolare alle donne, in tutto il mondo, con le quali sono in contatto. Siamo insultate come handicappate (come se la condizione di handicap fosse motivo di insulto) o accusate di fingerci autistiche a seconda del tipo di discredito delle quali siamo vittime di volta in volta.

Questo disastro tutto nuovo purtroppo è la storia degli autistici intelligenti, competenti e con potenziale che sono nati negli ultimi decenni, perché, paradossalmente, le condizioni più severe non ne sono toccate.

Fino a che si continuerà a vedere l'autismo e a pensarlo come ad una patologia che impedisce a bambini e adulti (e anziani) di manifestarsi come neurotipici, non si otterrà nessun vantaggio se non quello di accollarsi mutui astronomici per addestramenti pavloviani volti a meccanicizzare l'emissione di sguardo diretto e la pronuncia sterile di parole dal contenuto affettivo intenso per la comunità, quali "mamma" e "ti voglio bene", che però non hanno la stessa attribuzione di valore da parte di chi le emette meccanicamente.

Cosa è l'autismo quindi?

L'autismo è un modo di essere umani che è fatto di risposte sensoriali intense rispetto a stimoli delicati e attutite rispetto ad alcuni degli stimoli più complessi, è fatto di processi percettivi che utilizzano percorsi e associazioni organizzati in modo sistematico, pensieri logici attinenti ai dati concreti immagazzinati e comportamenti che derivano dall'insieme di tutti questi processi.

Le variabili di manifestazione, ossia il "come" tutto questo insieme di processi si esprime, sono talmente tante che solo le condizioni più severe o quelle che hanno limiti di altra natura risultano effettivamente condizioni di disabilità sostanziali.

Esistono innegabilmente i molti e diversi autismi invalidanti che variano nella forma da effetti severissimi dovuti ad un sensoriale talmente raffinato da risultare disfunzionale pur mantenendo intatti il funzionamento cognitivo e la cosiddetta intelligenza, a forme di autismo addirittura sfumato border line, su cui per motivi vari si è strutturato un danno cognitivo o un ritardo o un malfunzionamento neurologico di qualche tipo. Oppure le une e le altre insieme. Le condizioni compromesse nell'autismo possono essere suddivise in almeno quattro sotto categorie: manifestazioni di autismo profondo nelle quali il sistema stesso si pone come ostacolo alla funzionalità cognitiva e adattiva; danni o limiti cognitivi sulla base di autismi non necessariamente profondi; severe compromissioni neurologiche di varia etiologia che determinano clinicamente profili inquadrabili nei criteri diagnostici dell'autismo in base all'osservazione dei tratti comportamentali; e patologie secondarie che si sviluppano ad effetto di variabili anche ambientali e che assumono caratteristiche specifiche determinate dall'autismo.

Alcune delle condizioni disfunzionali che determinano danno cognitivo sono "democratiche", ossia possono associarsi a sistemi neurologici di base di ogni tipo, sia autistici che tipici che misti. Altre condizioni sono legate, vincolate al tipo di organizzazione neurologica.

Se qualcosa nel sistema non funziona non vuol dire che tutto il sistema non funzioni, se esiste il tumore all'utero non vuol dire che l'utero sia un organo sbagliato, per intenderci.

Cosa porta questa concezione dell'autismo così lontana dalla realtà?

In primo luogo temo sia il business. La macchina autismo fa muovere senza timore di nessuna crisi tutto un sistema economico le cui proporzioni sono immense.

Alla base del business c'è l'idea, scorretta, che l'unica possibilità di salute e funzionamento per la specie sia l'essere fisiologicamente neuro tipici, infatti risulta difficile comprendere ad esempio che anche uno psicotico paranoico è neuro tipico, come lo è un ritardato mentale grave o lo può essere una persona con sindrome di Down.

Si fa enorme confusione nell'uso del termine che, nella sua accezione letterale ha un significato ma quando si parla di Base dell'organizzazione neurologica umana ne assume un altro, del tutto diverso.

Abbiamo dunque su base neuro tipica, ossia condivisa dalla maggioranza della popolazione, sia condizioni di salute, fisiologiche, che condizioni potenzialmente patologiche, che condizioni invalidanti e conclamatamente patologiche.

Lo stesso vale per l'autismo, che presenta le stesse sfumature, e per la condizione mista.

Tra le innumerevoli condizioni patologiche possibili ve ne sono alcune che io definisco "democratiche", perché possono coinvolgere indifferentemente ognuno dei gruppi e si differenziano per le modalità di manifestazione. Alcuni esempi sono la demenza, i disturbi dell'umore, le sindromi cromosomiche come la trisomia 21, ecc.

Sono democratiche anche tutte quelle condizioni patologiche che in determinati ambienti o in presenza di predisposizioni genetiche, o per la combinazione dei due aspetti, si possono sviluppare nel corso della vita, come un Disturbo del Comportamento Alimentare (23 autistiche su 100 nella sola condizione di anoressia secondo gli studi di Francesca Happè, del King's College), un Disturbo Ossessivo Compulsivo o di Stress Post Traumatico, o di Ansia Generalizzata, che hanno esordio, sviluppo, manifestazione e esigenze diverse, a volte addirittura divergenti, a seconda del tipo di organizzazione neurologica di base sulla quale si sviluppano. Condizioni che quindi cambiano a seconda del sistema ma che li interessano tutti indistintamente, autistico, tipico o misto.

Altre, al contrario, sono vincolate al tipo d'organizzazione neurologica di base: per la condizione autistica si tratta del cosiddetto autismo severo, alcune forme di epilessia e l'innesco di un certo preciso tipo di disturbo di panico. Per la condizione tipica tutta la varia gamma di psicosi paranoidi, alcune delle quali confuse e rinforzate da criteri culturali disfunzionali ma solidi, come ad esempio il delirio di gelosia.

Interessanti gli studi sulla schizofrenia che la farebbero apparire come la condizione patologica associata al tipo di organizzazione neurologica di base mista, ossia con tratti sia tipici che autistici. La disfunzione dell'una o dell'altra parte all'interno dello stesso sistema o un malfunzionamento delle funzioni reciproche a scapito dell'una o dell'altra parte porterebbe il quadro clinico a manifestare i noti sintomi negativi o positivi, associabili appunto rispettivamente a disturbo autistico severo o psicosi grave.

Così come nella condizione tipica le molte condizioni patologiche non sono che una minima parte dell'intero gruppo, anche per l'autismo vale la stessa proporzione: le condizioni patologiche nella sostanza sono la minima parte, tant'è che la maggior parte di noi vive o ha vissuto decenni senza sapere di essere autistica e può tranquillamente scegliere di rivelarlo o meno proprio perché gli effetti non sono distinguibili se non dopo attenta valutazione clinica.

Purtroppo il fenomeno di odio e rifiuto verso l'autismo ne ha generato un altro, interessantissimo dal punto di vista antropologico ma drammatico umanamente ed eticamente. Tale fenomeno è quello di storpiare i fatti a favore della credenza.

Che vuol dire "storpiare i fatti a favore della credenza"?

Una storiella popolare racconta di un gruppo di scienziati che decise di studiare l'udito della pulce. Staccarono due zampe alla pulce e le dissero: "Salta!". La pulce saltò. Staccarono altre due zampe alla pulce e dissero di nuovo: "Salta!". La pulce saltò ancora. Staccarono l'ultimo paio di zampe, quelle posteriori, alla pulce e dissero ancora: "Salta!". L'animale mutilato non si mosse. Gli scienziati ne dedussero che "La pulce a cui vengono amputati gli arti diventa sorda".

Questa storia vuole evidenziare come le osservazioni storpiate dall'atteggiamento non neutrale, ossia già in partenza influenzate da credenze e opinioni che non vengono messe in discussione, determinano un difetto, a volte gravissimo, nel risultato.

Nell'atteggiamento nei confronti dell'autismo storie come quella della pulce sono, purtroppo, tristemente all'ordine del giorno.

Il presidente di una delle associazioni svedesi per l'autismo racconta la storia di un uomo che era responsabile ferroviario da ventisette anni. Leggendo dell'autismo per la prima volta ragionò con la moglie sulla possibilità di rientrare nella condizione. Si fece valutare e risultò effettivamente autistico. La conseguenza sul lavoro fu drammatica, fu licenziato perché ritenuto potenzialmente pericoloso in quanto disabile. Ventisette anni di lavoro impeccabile non furono sufficienti a scalfire questa opinione.

Nel 2013 in Scozia una donna ha dovuto lottare per vedere riconosciuti i suoi diritti di madre perché un tribunale ha deciso, a seguito della sua diagnosi, che per i bambini non era sano crescere con un genitore senza emozioni.

Ecco come le credenze popolari, senza alcuna base scientifica, anzi piuttosto confutate da evidenze di elevata attendibilità scientifica (Hadjikhani et al., Emotional contagion for pain is intact in autism spectrum disorders Translational Psychiatry, Nature, 2014), superino i limiti dell'opinione dell'uomo di strada e sconfinino in ambito giuridico.

Lo stesso vale per ogni professionista autistico o che abbia figli autistici che oggi intenda trasferirsi in Canada, Nuova Zelanda o Australia. La diagnosi di Autismo è motivo di negazione del visto.

La credenza che l'autismo sia una disabilità grave, una malattia mentale invalidante, è talmente radicata che venire a sapere che una persona inserita, professionista, genitore, sia autistica cambia agli occhi della società la percezione di tutta la persona.

Non sono i fatti a cambiare l'idea sull'autismo, ma è la credenza sull'autismo a distorcere i fatti.

Il fenomeno femminile ha poi particolarità tutte proprie. Se una donna autistica non manifesta esplicita disabilità severa l'attacco sociale si imposta appunto sul mettere in dubbio la diagnosi, a meno che non serva per sostenere in veste di testimonial l'una o l'altra fazione dei molti venditori di "cure".

Oggi racconto questo dramma perché sia utile a qualcuno e possa essere fonte di ispirazione, ma è stato orribile vivere questa ulteriore violenza. Dal mio coming out ho pagato un prezzo carissimo in termini di risposta sociale e professionale. Gli attacchi, volendo fare una estrema sintesi, spaziavano dall'invito non troppo elegante a tacere in quanto disabile, passando per l'insinuazione di presunte e non fondate incompetenze in quanto handicappata per poi arrivare all'estremo opposto: dubitare della diagnosi. Insinuare dubbi sulla diagnosi e trovarsi a dover ripeter la valutazione, fornire dettagli privati, esporsi, è quello che succede a quasi tutte le donne autistiche che la ricevono da adulte.

Per cui anche io, ho dovuto affrontare l'umiliazione di vedermi rifiutati visti da tre paesi diversi in quanto autistica e di vederli rifiutati a mio figlio in quanto autistico, emarginazione e rifiuto drammatici da parte della famiglia rivolti sia alla mia persona che ai miei figli, e non avendo una rete effettivamente tutelante, ho dovuto provare che la valutazione e la diagnosi effettuate quasi dieci anni prima erano valide, e l'ho provato, attraverso un umiliante e stressante iter presso i servizi sanitari nazionali, e molto altro, tutto questo perché quello che questa persona autistica senziente e parlante comunica non è gradito ad una società che investe milioni in terapie pavloviane volte a "far parlare" gli autistici.

Sono madre. Sono una Professionista. Scrivo libri. Tengo conferenze. Mi arrabbio. Lotto per i nostri diritti. Mi espongo. Scelgo. Parlo. Funziono. E ... Sono autistica. E siamo in tante. "Vuolsi così colà dove si puote ciò che si vuole, e più non dimandare." (Dante Alighieri, Divina Commedia, Inferno III e V canto).

Cosa è l'autismo dunque?

L'autismo è un meraviglioso e funzionale modo di essere umani, sviluppato durante l'evoluzione per millenni e per il bene della specie tutto e che va pensato, come l'altra parte, vincolato al resto della specie stessa. Questo sistema, che è presente in milioni di persone al mondo in questo momento storico (almeno 75 milioni di autistici viventi sono stimati utilizzando i parametri meno inclusivi, la cifra aumenta a circa 125 milioni utilizzando le stime di uno su 60) e lo è stato nelle stesse proporzioni nel corso della storia, si avvale di una sensorialità raffinata che determina una risposta agli stimoli su sollecitazione nel minimo valore del range di specie, con conseguenti diverse connessioni, diverso funzionamento di coordinazione neurologica, diversi processi percettivi, logici e di pensiero e naturalmente diverso comportamento da cui deriva un diverso concetto di interazione e socialità. Diverso, non deficitario.

Quindi questo autismo di persone che si sposano, lavorano, hanno figli, hanno avuto successo, hanno fatto scoperte, lavorano bene la terra, fanno sesso, scrivono libri, insegnano, sono psicologi o anche medici... è autismo?

Certo che lo è! Questo è l'autismo!

A volte nel sistema qualcosa non funziona, come in ogni sistema, incluso quello tipico. Quando qualcosa nell'autismo non funziona i segni si manifestano in modo specifico, e sono diversi dai segni del malfunzionamento tipico.

Questi autismi disfunzionali sono autismo?

Certo. Perché hanno in comune tutto quello che è alla base dell'autismo e che determina poi, a seconda delle incalcolabili variabili individuali e ambientali, effetti a volte del tutto diversi nelle sfumature, a volte addirittura divergenti.

Quali sono questi elementi in comune, tanto influenti da arrivare a determinare un insieme di conseguenze paragonabili ad un fenomeno culturale (cfr. Theo Peeters)?

Solo per citarne alcuni:

stadio di maturazione diverso dei neuroni del tronco encefalico, secondo alcuni autori responsabile della soglia di reazione agli stimoli, molto più sensibile rispetto a quella che hanno gli stessi neuroni quando arrivano a stadi di maturazione diversi;

fasci di materia bianca maggiori, considerati come le "autostrade" del cervello permettono una più rapida e più efficace connessione tra neuroni, è interessante notare come anche nel cervello femminile vi sono fasci di materia bianca più efficaci, in quel caso sono utilizzati, favoriti dal ruolo ormonale, per facilitare il multitasking, nell'autismo, al contrario, permettono un efficacissimo coinvolgimento contemporaneo di diverse aree del cervello le cui risorse sono convogliate in un unico argomento;

innesco dell'attivazione dell'area occipitale allo stimolo verbale (A failure of left temporal cortex to specialize for language is an early emerging and fundamental property of autism, Lisa T. Eyler Karen Pierce Eric Courchesne);

maggiore numero di connessioni sinaptiche;

maggiore numero di neuroni nelle amigdale, probabilmente responsabile della condizione di "stato di panico" (Pensare in immagini, Temple Grandin, ed Erickson; e Una vita da Regina ...dei cani, Di Biagio, ed Erickson) che è associabile solo all'autismo;

risposta emotiva intensa per il fastidio (stimolazione recettori tattili superficiali) e distacco emotivo dalla stimolazione intensa dei nocirecettori;

diversa conformazione dell'orecchio interno secondo alcuni autori (2016 Jul 12, Children with autism spectrum disorder have reduced otoacoustic emissions at the 1 kHz mid-frequency region, Bennetto L, Keith JM, Allen PD, Luebke AE).

Nella gestione della comunicazione l'uso del linguaggio e dei criteri della socialità ne conseguono: attinenza alla accezione letterale delle parole, dissociazione dall'eventuale veicolazione non verbale delle comunicazioni; percezione di fiducia basata sull'evidenza del sentito; dissociazione di osservazioni da eventuali conseguenze relazionali in ambito dell'organizzazione gerarchica sociale, ecc. Nessuno di questi elementi, di per sé stesso, rappresenta un problema, una incapacità o un deficit. Gli aspetti problematici sono associati, in tutte le condizioni funzionali, a inadeguatezza ambientale o sbilanciamento sociale. Nei casi di autismo disfunzionale, al contrario, alcune o tutte queste caratteristiche possono assumere proporzioni talmente ampie da interferire con la percezione dell'ambiente e di conseguenza con l'autonomia.

Le condizioni di autismo severo sono, infatti, anch'esse forme di autismi, esattamente come, nella condizione opposta, anche lo psicotico delirante è tipico, cioè ha un tipo di organizzazione neurologica di base condivisa con la maggior parte della popolazione. In quello specifico sistema individuale però qualcosa non funziona come dovrebbe, e le splendide competenze di riempimento e di lettura degli impliciti che sono il cuore di tutta la cultura e l'insieme dei criteri di comunicazione neurotipici diventano un ostacolo perché funzionano "troppo". Ma l'appartenenza alla condizione è invariata. Sempre.

Ognuno degli autismi è autismo e come tale va trattato e approcciato. Rispettosamente, tenendo a mente i criteri di funzionamento fisiologici del tipo di organizzazione neurologica di base di appartenenza e organizzando un adattamento ragionevolmente proporzionato in base alla sostenibilità.

Nessun autistico in condizione di invalidità severa potrà mai essere autonomo, come pure nessuna persona neuro tipica in condizione di severa patologia neurologica. Questo non vuol dire che non sia responsabilità della società tutta il benessere dei più vulnerabili, la loro tutela, il rispetto delle loro esigenze primarie e il miglioramento della percezione di qualità della vita. Come si può prescindere dal tipo di organizzazione di base che le determina, per individuare le esigenze di una persona?

Questo è valido nei percorsi psicoeducativi, in quelli terapeutici ma anche in quelli didattici, nel sistema di insegnamento.

A maggior ragione sono proprio i soggetti più vulnerabili quelli che hanno più bisogno di tutela e sostegno. Eppure sono, specialmente negli autismi, quelli a cui si chiede di più, a cui si chiede di trasformarsi non solo da autistici disfunzionali ad autistici funzionali (concetto nemmeno sfiorato) ma addirittura a diventare come i neuro tipici funzionali. Immaginate l'inferno a cui sono sottoposti i bambini autistici di ultima generazione? Smettono di essere bambini, perdono i diritti dell'infanzia e vengono sottoposti a trattamenti che oggi non sono tollerati nemmeno per gli animali non umani. Provate a fare ad un cane quello che molti fanno ai bambini autistici oggi e vedrete quali saranno le conseguenze.

Agli autistici invece si può fare di tutto, perché la priorità percepita è quella di sconfiggere l'autismo. L'autismo è il problema sociale principalmente percepito di questo periodo storico.

Non poche mamme mi raccontano cose terribili, rabbie e rifiuti profondissimi che intossicano le vite. La colpa di tutto questo rifiuto è tutta dei genitori? Non sempre.

Negli ultimi decenni lo studio del nostro passato ha dimostrato che già in epoche insospettabili i nostri antenati si prendevano cura di malati, disabili e di chi non poteva avere autonomia. Quindicimila anni fa, periodo in cui si è portati a pensare che valesse solo la legge del più forte, l'uomo aveva già cominciato a riconoscere il valore del singolo e della cura del debole. Il malato non è più zavorra, ma potenziale arricchimento della collettività.

Forse questo è uno dei passaggi che ha favorito il salto evolutivo della specie, le conquiste tecnologiche, gli aspetti di grandezza dell'uomo. Oggi il debole non è preso in carico dalla società, se non apparentemente, ma è onere del singolo gruppo familiare, che ne risulta sfibrato e deve lottare, spesso isolato, per sopravvivere. L'ordalico concetto legato alla disabilità come segno di colpa della famiglia riemerge nell'era dei social network in cui si espongono spudoratamente in pensieri aberranti i giovani che dovranno accudirci quando avremo bisogno di farci cambiare il pannolone. Stiamo allevando una generazione di giovani che odiano la diversità e la debolezza e questo è raccapricciante.

L'autismo, tutto, quello di "rainman" e quello mio o di Temple Grandin o di Derryl Hanna, è oggi la diversità più detestata.

Questo è l'autismo: un modo diverso di essere umani. Non va corretto, non va normalizzato, non va curato.

Laddove si presenti in modo invalidante va, per quanto possibile, sostenuto verso il modello di autismo sano, mai verso l'ideale neuro tipico. Nella concezione attuale di intervento terapeutico, e più ancora in quella di intervento educativo, quando si ha a che fare con persone autistiche tutto quello che è riconosciuto vero per le persone tipiche viene a mancare. Ad esempio, nel trattamento del DOC (Disturbo Ossessivo Compulsivo, Condizione disfunzionale "democratica", in quanto può interessare persone di ogni tipo di organizzazione neurologica di base) non solo non è indicato pressoché in nessun testo divulgativo e solo in rarissimi documenti molto tecnici che il percorso terapeutico deve seguire criteri e utilizzare strumenti diversi a seconda del tipo di organizzazione neurologica di base, ma, se viene riconosciuto come vero che per le persone neuro tipiche che presentano tale condizione "La componente cognitiva è parte essenziale nel trattamento, e il fatto che le compulsioni possano essere mentali e non esternalizzate rende evidente il limite di un approccio basato esclusivamente su tecniche comportamentali. E che un aspetto fondamentale del trattamento, a tal riguardo, è normalizzare i pensieri intrusivi e diminuire l'egodistonia (Waite & Williams, 2009); fare questo può già di per sé diminuire lo stress, e può inoltre andare ad agire a livello delle assunzioni viste in precedenza", purtroppo in presenza di diagnosi di autismo tale criterio viene meno. Automaticamente non esiste più quando la diagnosi di autismo colloca il destinatario dell'intervento in una categoria a parte: categoria autismo con priorità di annullarne i segni quanto più possibile.

Si è dunque piuttosto lontani non solo dall'aver individuato e strutturato un sistema di sostegno, educazione e inserimento adeguato e rispettoso delle persone neuro diverse basato doverosamente sulle reali esigenze e su criteri che tengano conto della percezione individuale di buona qualità della vita, benessere e tutela, ma anche dall'aver compreso nel profondo cosa la neuro diversità, l'autismo, sia.

Parte di questo enorme problema sociale, sanitario, educativo, culturale ed etico dipende dal fatto che esiste una barricata che divide, nell'opinione generalmente condivisa, chi "cura" da chi "viene curato" e che troppo spesso chi "cura" non è autistico. Anzi, la sola idea che un autistico possa essere colui che cura attualmente desta, anche negli ambienti accademici, più o meno la stessa reazione dei personaggi del film "Django Unchained" di Quentin Tarantino (2012) alla vista di un uomo di etnia afro a cavallo o dentro un saloon.

L'idea scorretta e pericolosa, la credenza che sta danneggiando una intera generazione di autistici in occidente e il resto della società intera, rendendo potenziali persone funzionali veri e propri disabili, con perdita irreversibile dei picchi di competenza, scimmiottamento di comportamenti tipici decontestualizzati e forzature psicotizzanti, è che la "cura" sia l'eliminazione dei tratti autistici, quando la cura, come per ogni condizione umana, è sempre e solo aiutare la persona a far emergere la versione migliore possibile di ciò che è.

2. Cos'è l'Apprendimento

Quale che sia la definizione tecnica dell'apprendimento come fenomeno, ognuna di esse riconduce ad una sintesi perfetta: processo di acquisizione delle nozioni necessarie ad un individuo per conseguire o migliorare l'adattamento all'ambiente.

Ma cosa significa questo?

Ogni essere vivente nasce con una predisposizione all' adattamento. Questa è una strategia molto efficace, che amplifica il margine di successo probabile di sopravvivenza. Più è ridotto questo margine di adattabilità, meno probabile sarà la possibilità che si sopravviva ad un cambiamento. I cambiamenti ambientali sono continui e per ambiente non va considerato solo il mondo che ci circonda e nel quale siamo immersi, ma anche il corpo stesso che usiamo per vivere e, su un altro piano, il tessuto di interazioni e relazioni che costituisce la rete nella quale siamo inseriti e che ha il potere di avere effetti concreti nella realtà oggettiva.

Come funziona dunque questo processo di adattamento che si chiama "Apprendimento"?

Sollecitati da alcuni stimoli, per la precisione da quelli che passano il filtro sensoriale, e proprio questo filtro è la base fisica della differenza di struttura tra sistema tipico e neuro diverso, i neuroni si attivano in quella che viene definita reazione o risposta. A seconda di alcuni criteri che possono essere l'intensità, la durata o l'associazione a un vantaggio o a uno svantaggio importante, tale risposta resta "In memoria". In parole povere gli scambi sinaptici tra neuroni, la produzione e la capacità di ricezione di alcune sostanze, risulta funzionale quindi tende a ripetersi o a "fissarsi". Questa competenza "fissata" è l'apprendimento.

L'ambiente innesca una risposta, la risposta porta un vantaggio, quindi la capacità di rispondere in quel modo viene favorita. Questa è una sintesi davvero estrema di un processo molto complesso.

Quello che è importante capire però è proprio il concetto di vantaggio e svantaggio, perché l'adattamento e l'apprendimento si basano su questi principi.

Cosa è dunque un vantaggio?

Questo argomento è fonte di enormi fraintendimenti perché si è portati a pensare che un vantaggio sia qualcosa di favorevole ritenuto tale in senso generale o, ancora più spesso, dal punto di vista di chi esercita un insegnamento o una azione volta all'apprendimento di terzi.

In realtà poche cose al mondo sono relative quanto il concetto di vantaggio. Vantaggio può essere infatti anche un male o un danno, ad esempio se appare inferiore a un altro o se a esso è associata una qualche percezione che contestualizzata risulta di valore. Per questo un vantaggio percepito può risultare la scelta di un danno minore come ad esempio subire una punizione corporale piuttosto che essere ignorati o addirittura vantaggio percepito può essere l'addossarsi responsabilità di azioni commesse da altri, come accade ai bambini vittima di violenza.

Il vantaggio va sempre contestualizzato e calcolato in base a tutte le possibili variabili note o presunte ad esso associabili.

La stessa azione nello stesso contesto può apparire vantaggiosa o svantaggiosa a soggetti diversi. Un esempio tra tutti: continuare ad accudire proattivamente un neonato che non aggancia lo sguardo può essere percepito come vantaggioso, rilassante, incoraggiante per una madre autistica, e quindi determinare una maggiore probabilità di funzionale e sereno sviluppo del bambino e della relazione genitoriale. Al contrario la stessa situazione può essere percepita come uno svantaggio per una madre tipica, che legge il comportamento come un rifiuto e fatica a costruire il legame con il bambino.

Un altro esempio di forse più facile comprensione è quello della percezione di vantaggio e svantaggio del cane. Animale sociale per eccellenza, come l'uomo, il cane tollera male l'isolamento, definito ormai anche a livello giuridico come una violenza a tutti gli effetti. Sopraffatto dalla frustrazione la scarica a volte cominciando ad abbaiare. A quel punto il proprietario medio interviene, urlando contro l'animale o picchiandolo. Questo comportamento, nell'intenzione dell'uomo, ha lo scopo di estinguere il comportamento indesiderato del cane, ossia abbaiare. Al contrario ottiene l'effetto opposto rinforzandolo. Perché? perché dalla prospettiva del cane ricevere una aggressione, vocale o fisica, rappresenta un male minore, e quindi un vantaggio, rispetto al male maggiore che è l'isolamento sociale e l'assenza totale di interazione. Punendo il cane il proprietario lo premia, e il comportamento piuttosto che estinguersi, rinforzato, si fissa, cioè si amplifica la probabilità che alle stesse condizioni venga emesso.

Oggi picchiare un cane in una sessione di educazione o addestramento è qualcosa che può valere una denuncia, in alcuni paesi persino rimproverare un cane o forzarlo a fare qualcosa è considerata violenza contro gli animali. L'assurdità di questo è che parallelamente agli autistici viene fatto di tutto. Aberranti sono i racconti di addestratori pentiti o tirocinanti disgustati, che narrano, senza purtroppo avere la forza di denunciare concretamente tramite esposti, vere e proprie violenze esercitate su bambini nel nome della normalizzazione e della sconfitta dell'autismo.

Dopo forzature di ogni tipo, che includono punizioni corporali intense, a volte disgustose (come far ingoiare il cibo vomitato) e continue, il risultato dell'adattamento che consiste il più delle volte nell'ottenimento di sguardi o nella pronuncia di parole precise, in condizionamento ambientale, cioè associati a input specifici o in luoghi precisi o in presenza di alcune persone e sempre o quasi decontestualizzati e non fruibili nella vita reale, vengono considerati "successi terapeutici".

Vantaggio maggiore o svantaggio minore? questa la base etica necessaria per comprendere se un percorso è davvero rispettoso e funzionale.

Perché è così importante che l'apprendimento sia rispettoso?

Non vi è solo una prospettiva etica che porta a considerare scorrette le pratiche coercitive o quelle di adattamento forzato, di scelta del male minore o di estinzione dei comportamenti indesiderabili per paura. Il medico pietoso fa la piaga verminosa, si potrebbe replicare, e guardare all'obiettivo potrebbe "giustificare" pratiche eticamente discutibili.

Il problema, come se non bastasse la questione etica, è proprio questo: l'apprendimento, ossia l'adattamento sviluppato secondo percorsi non rispettosi, determina un risultato tutt'altro che funzionale. Le competenze acquisite in modo non rispettoso generano una rigidità di esecuzione, riducendo lo sviluppo e la generalizzazione, l'esplorazione, lo spirito critico, associando risposte emotive intense e sgradevoli che funzionano esattamente come virtuali recinti elettrici, impedendo qualsivoglia evoluzione e sviluppo. Di fatto impedendo uno sviluppo culturale, data la definizione di cultura come "tutto ciò che resta quando dimentichiamo le nozioni apprese".

Questa definizione di Cultura, che è la mia preferita, spiega bene come la nozione sia il mezzo, non il fine, del processo di apprendimento e serva per poter organizzare strutture in grado di restare immutate anche una volta persa la nozione stessa, in grado di recuperarla, in grado di accoglierne altre e di svilupparsi per accoglierne addirittura di diverse.

Utilizzando la nozione come fine del processo essa si lega in modo inscindibile al processo stesso, cristallizzando l'intero percorso. Se poi la dinamica ha innescato risposte emotive associate e fortemente sgradevoli, ogni futuro tentativo di sviluppo, seppure oggettivamente possibile, sarà percepito come pericoloso e quindi indesiderabile. Di fatto un percorso di apprendimento basato su principi non rispettosi danneggia il sistema, non lo "cura". Questo è valido per ogni creatura, dal polpo, che ha sorpreso gli studiosi con le sue insospettabili competenze di apprendimento, all'uomo. Sull'uomo però è doveroso per noi fermarci a ragionare e porci domande più importanti, non per mancanza di rispetto per la biodiversità ma per dovere di specie.

Quali sono i diritti umani? Quali sono i diritti dell'infanzia? Perché oggi la diagnosi di autismo colloca un essere umano, di qualunque età, anche bambino, al di fuori dell'insieme degli aventi diritto a tali riconoscimenti? Diritto umano e dell'infanzia è anche quello di poter affrontare un percorso di adattamento all'ambiente, ossia di apprendimento, in qualsivoglia ambito, sia esso educativo, di gestione dei comportamenti, delle emozioni, in ambito domestico, didattico, professionale, sentimentale, relazionale, in modo sostenibile, fruibile e rispettoso delle proprie esigenze biologiche e neurologiche.

Andrebbe sempre considerata la sostenibilità del percorso e soprattutto la sua fruibilità. Che vuol dire? Vuol dire che dopo aver speso decine di migliaia di euro per fissare in un autistico l'apprendimento allo sguardo diretto ottenuto dopo innumerevoli ore di pratica spesso intensiva, cosa ne farà l'autistico in questione della competenza appresa? Nulla.

Perché? Perché nell'autismo lo sguardo diretto forzato innesca risposte emotive nelle amigdale che sono intense e sgradevoli; perché nella cultura autistica lo sguardo diretto non ha alcuna valenza comunicativa; perché se impegnato a sostenere lo sguardo diretto, grazie alla caratteristica conformazione del sistema nervoso autistico, sarà più difficile convogliare risorse anche su altro, come ad esempio sul porre attenzione all'argomento della conversazione; perché l'apprendimento verrà classificato in modo sistematico ossia per "colonne" e mai e poi mai utilizzato in "orizzontale" ossia in modo che sia generalizzato, adattato al contesto e parte di un sistema di comunicazione che è solo tipico e per il quale servono neuroni che nascono tipici.

Apprendimento meccanico, apprendimento per interiorizzazione del valore associato.

Vi sono alcune competenze che possono essere apprese in modo meccanico, ossia senza che ve ne sia piena consapevolezza oppure memorizzando sequenze motorie senza che a esse sia associata una reale comprensione. In alcuni casi, che definirei psicotizzanti, l'esigenza di dare un senso, di collocare l'apprendimento, porta a ripiegamenti di pensiero e storpiature attraverso paralogismi che strutturano credenze illogiche e determinano processi di pensiero disfunzionali ai quali conseguono scelte e comportamenti altrettanto disfunzionali. La risposta che la società al momento riesce a dare a queste dinamiche è solo farmacologica, confezioniamo malati.

Non tutte le nozioni apprese in modo meccanico sono da criticare. Noi tutti abbiamo ormai meccanicizzato quasi tutti i movimenti della quotidianità, camminare, scrivere, leggere. Nelle funzioni più complesse però, quelle che riguardano i processi di pensiero, la gestione delle risposte emotive e le scelte comportamentali in merito alle interazioni sociali e ambientali, apprendere competenze in modo meccanico non ha senso.

È importante che si comprenda il valore di quello che apprendiamo per dare un senso all'adattamento e renderlo davvero, strutturalmente utile. Un intervento che sia comportamentale senza essere anche cognitivo è, in partenza, un lavoro scorretto. Persino le condizioni più compromesse consentono un margine di lavoro cognitivo sostenibile, ed è quello lo spazio entro il quale ogni buon professionista dovrebbe esercitare.

Criteri di acquisizione per il modellamento proattivo.

Alla base di ogni buon lavoro di incremento delle competenze di adattamento c'è sempre, o ci dovrebbe essere, un altrettanto buon lavoro di osservazione. E qui cominciano i veri problemi. Osservare infatti è una delle attività più difficili in assoluto. La quasi totalità degli osservatori improvvisati e una larghissima parte di quelli che dovrebbero essere preparati permette all'influenza delle proprie credenze e interpretazioni di inquinare i dati raccolti durante questa delicata fase. La lettura dei dati viene inserita in contesti interpretativi che ne modificano a volte completamente il senso, la dinamica e quindi la fruibilità. Temple Grandin scrive che proprio la difficoltà nell'Osservare è l'ostacolo principe che si trova ad affrontare nei suoi allievi (sì, è autistica ed ha allievi) durante i suoi corsi.

Perché è così importante Osservare? Perché solo attraverso una raccolta dati attendibile e precisa si potrà avere una idea degli effetti di quella che è la percezione dell'altro, e di conseguenza organizzare e realizzare progetti di intervento efficaci.

Purtroppo sempre più spesso interi programmi di modellamento comportamentale volti ad esempio ad estinguere un sintomo non comprendono nemmeno l'analisi funzionale dell'azione. La conseguenza di questi interventi è che si arriva a reprimere la manifestazione del sintomo senza aver fatto nessun lavoro per modificare la dinamica che lo aveva generato e quindi mantenendo intatta, se non peggiorata, la condizione di disagio che il sintomo indesiderabile segnalava.

Volendo utilizzare una metafora questo tipo di lavoro sugli apprendimenti comportamentali somiglia all'eliminazione di una suoneria di un allarme anti incendio ritenendo in questo modo di aver spento l'incendio e di averne prevenuti tutti gli altri a venire.

Un lavoro di osservazione ben fatto, al contrario, non solo offre importanti dati in merito agli elementi precipitanti, i segnali predittori, i trigger (grilletti/stimoli innesco), elementi di accumulo che influenzano la soglia di reattività e aspetti come la tolleranza o i tempi di reazione, ma servono soprattutto a comprendere cosa arriva come percezione di vantaggio e cosa, al contrario è percepito come svantaggioso. Orientarsi in questo modo permette di organizzare percorsi di apprendimento personalizzati, sicuramente funzionali, con un margine di prospettiva di fruibilità elevato al massimo del potenziale.

Senza tutti questi elementi ogni lavoro che ottenga la sola eliminazione del sintomo indesiderato rappresenta né più né meno un percorso da addestramento da vecchio circo, con l'aggravante etica che è esercitato su una persona umana.

Esempio:

Volendo fare un esempio per tutti si pensi al percorso di apprendimento del controllo sul comportamento nella gestione delle emozioni, attraverso l'estinzione dell'azione autolesionista di picchiarsi in testa.

L'obiettivo quantificabile è la riduzione, fino alla possibile estinzione, del comportamento indesiderato ossia arrivare a fare in modo che il destinatario dell'intervento non si ferisca più la testa quando è frustrato o quando necessita di essere considerato.

Se consideriamo questo obiettivo fine a sé stesso, come fosse il suono dell'allarme anti incendio da eliminare, senza valutare che non è il segnale che andrebbe estinto, ma l'evento o la serie di eventi che lo causano, e mettiamo quindi in atto un percorso volto a bloccare fisicamente l'azione nella sua fase consumatoria (mentre viene agita), associandola ad esempio ad una punizione (svantaggio percepito), cosa abbiamo ottenuto?

Abbiamo ottenuto che il destinatario dell'intervento ha APPRESO che quando è frustrato, quando è a disagio, quando ha un bisogno, non è conveniente per lui picchiarsi sulla testa.

Questo, agli occhi dell'osservatore incauto, appare come un successo.

In realtà tutto quello che accade prima che il comportamento si manifesti non solo resta immutato, ma si carica di ulteriori dinamiche disfunzionali, con aumento della frustrazione, della rabbia, della confusione, della sfiducia nei confronti della guida, della consapevolezza di non essere ascoltato e non avere diritti. Frustrando in alcuni casi anche l'intenzione comunicativa.

Come gestire dunque un percorso adeguato per l'apprendimento della gestione dei comportamenti e delle emozioni?

Abbiamo diverse possibilità, che possono combinarsi insieme per una migliore riuscita del percorso: individuare il trigger per organizzare un percorso di ampliamento del margine di tolleranza, individuare il trigger per organizzare un efficace piano di evitamento/tutela (nel caso di stimoli che innescano direttamente risposte neurologiche avversive precise, come colori o suoni precisi), individuare il trigger per organizzare efficaci strategie di compensazione; individuare la soglia di saturazione che modifica l'intensità della risposta a seconda del carico (ossia capire quali sono gli adattamenti ai quali la persona dedica risorse per l'adattamento depauperandosi poi al momento dell'impatto con l'elemento trigger) e anche in questo caso possiamo organizzare un percorso per amplificare ove possibile il margine di tolleranza, organizzare un percorso per tutelarci e/o selezionare gli stimoli sui quali investire adattamento e quindi risorse, organizzare strategie di compensazione.

Inoltre, poiché larga parte della risposta comportamentale è vincolata a quella emotiva, andrebbe strutturato un parallelo lavoro cognitivo di presa di coscienza del proprio sentire, organizzato in modo sistematico, chiaro, comprensibile e coerente secondo i criteri della cultura autistica.

Che vuol dire?

Vuol dire che organizzare un programma di apprendimento sul proprio sentire, caprie cosa sentiamo, dare una collocazione al sentire, aiuta a individuare, riconoscere, controllare emozioni e sensazioni. Questo passaggio è condicio sine qua non per la conseguente gestione degli effetti di tali emozioni e sensazioni, ossia il comportamento.

Collocare VISIVAMENTE emozioni e sensazioni corporali in modo chiaro e comprensibile senza "faccine/smile"	Collocare VISIVAMENTE e in modo flessibile le diverse emozioni e sensazioni in contesti sperimentabili e individuabili	Organizzare programmi per collocare segni o nomi alle diverse emozioni/ sensazioni	Organizzare un programma per comunicare esigenze	Organizzare un programma per mettere in atto strategie alternative corrette o accettabili	Fare simulazioni in un percorso d'apprendimento senza errori e rinforzato da gratificazioni/ vantaggi percepiti dal destinatario dell'intervento	Individuare i segnali che indicano un imminente cambiamento e fornire indicazioni vantaggiose in modo da consolidare il ruolo di affidabilità dell' educatore
Realizzare materiale VISIVO, concreto, in cui collocare immagini o simboli o fotografie attinenti che possano richiamare in modo chiaro i diversi stati emotivi esperiti dal destinatario dell'intervento NON da terzi o dall'educatore	Realizzare materiale VISIVO concreto in cui collocare diversi contesti o situazioni abbinabili agli stati emotivi già sistemizzati	Realizzare materiale VISIVO volto a organizzare secondo criteri che siano validi per il destinatario dell'intervento che possa aiutarlo ad associare segni, simboli o parole a sensazioni ed emozioni	Realizzare materiale VISIVO concreto in cui sono organizzate strategie e rispettive alternative per comunicare e eventuali esigenze, dopo averle individuate	Realizzare un programma VISIVO in cui sono esplicitati modelli di alternative sostenibili esperiti attraverso percorsi concreti	Organizzare PROVE CONCRETE e SIMULAZIONI RECIPROCHE in cui esercitare modalità di richiesta o di comunicazione di disagio più funzionali	Realizzare griglie di osservazione e tenere diari in modo da confrontare dati e individuare conferma o disconferma in merito agli elementi nel comportamento che indicano un imminente cambiamento, per intervenire preventivamente anticipandoli

Impostando quindi il percorso di apprendimento sulla gestione degli antecedenti, sull'intervento, prima guidato poi autonomo, nella fase appetitiva dell'emissione del comportamento (mentre si sta per agire, nella fase intenzionale, prima dell'azione stessa), fornendo strumenti per l'orientamento, la tutela, le strategie di compensazione, fornendo alternative sostenibili per veicolare la stessa necessità, investendo correttamente le risorse per l'adattamento, sarà assolutamente improbabile che il destinatario dell'intervento arrivi a riproporre il comportamento, perché non ci saranno più i presupposti.

Cosa vuol dire?

Gestione degli antecedenti: Attraverso griglie di osservazione determinare quali sono gli elementi che precedono una risposta comportamentale e le emozioni o pensieri che ne sono alla base.

Strutturare l'intervento, prima guidato poi autonomo, nella fase appetitiva dell'emissione del comportamento: Imparare a riconoscere i segnali predittori e strutturare strategie di intervento attuabili in quella fase, ossia prima che il comportamento si manifesti.

Fornire strumenti per l'orientamento: Organizzare percorsi per permettere al destinatario dell'intervento di comprendere cosa sente, cosa prova, e quali possibilità di azione o di pensiero ha.

Fornire strumenti per la tutela: Sperimentare attraverso l'organizzazione la sistemizzazione concreta e visiva e le simulazioni, strategie funzionali per tutelarsi da stimoli che generano disagio.

Organizzare strategie di compensazione: Sperimentare attraverso l'organizzazione, la sistemizzazione concreta e le simulazioni, strategie volte a compensare una esposizione che ha richiesto un investimento (strategie di defaticamento, organizzazione di eventuali tic, ecc.).

Fornire alternative sostenibili per veicolare la stessa necessità: Sperimentare attraverso l'organizzazione, la sistemizzazione concreta e le simulazioni, strategie volte ad ottenere il vantaggio di interrompere l'esposizione alla fonte di disagio in modo funzionale Investire correttamente le risorse per l'adattamento: Individuare, con l'aiuto di griglie di osservazione e il confronto di dati, quali sono i percorsi di adattamento ambientale sui quali investire e quali quelli per i quali conviene organizzare una strategia di collocazione nella categoria del "non degni" di sforzo per l'adattamento

In sintesi si potrebbe dire che il comportamento indesiderabile è simile alla fuoriuscita di liquido da un bicchiere. Per evitare che questo accada o che generi conseguenze dannose si possono organizzare percorsi volti a non far arrivare il contenuto del bicchiere al limite: in questo modo la goccia (elemento precipitante o trigger) non farà fuoriuscire il liquido. Si possono strutturare strategie di tutela: spostare il bicchiere prima che la goccia cada o proteggerlo fisicamente dalla goccia assorbendola prima che arrivi al bicchiere. Si possono organizzare strategie di contenimento o compensazione: fornirsi di materiale assorbente per ridurre il danno da fuoriuscita. Si può agire preventivamente arrivando a non far riempire il bicchiere quando arriverà la goccia.

L'aspetto peggiore da affrontare di tutto questo è che un lavoro simile, più complesso da descrivere che da mettere in pratica se si hanno le competenze tecniche reali e se si è intrisi concretamente di cultura autistica, è che un percorso simile richiede un investimento di tempo e denaro incalcolabilmente inferiore rispetto ai percorsi di addestramento intensivi che sono la struttura di quasi tutti gli interventi moderni sull'autismo. Questo è davvero triste.

La prima cosa da organizzare è un buon piano di osservazione. Senza elementi oggettivi ogni intervento, specialmente se rivolto a persone autistiche in condizione compromessa o con invalidanti limiti di comunicazione, rischia di essere inficiato dal limite dell'opinione personale che, per quanto in buona fede, determinerebbe una taratura del percorso su criteri lontani da quelli utili.

Parallelamente va pensato e organizzato un percorso di intervento/apprendimento per la rete del diretto presunto unico destinatario, in quanto le modifiche cognitive e comportamentali non possono essere pensate come rivolte alla sola persona neuro diversa, ma devono essere concepite come percorso per tutto il sistema relazionale e la rete sociale di riferimento.

Maggiore sarà l'esclusione del sistema dal percorso, maggiore sarà il margine di insuccesso.

L'altro requisito fondamentale per il successo di un buon percorso di apprendimento guidato è che le valenze di ogni passaggio siano chiare, e che sia chiaro l'obiettivo, la sua sostenibilità ed effettiva fruibilità. Si consideri ad esempio l'obiettivo più gettonato degli ultimi tre decenni almeno: guidare all'apprendimento della competenza di guardare negli occhi l'interlocutore. Qual è, osservando lo schema precedente, la collocazione strutturata dei vari passaggi nel percorso? Qual è la sua dote di valenze e quanto le valenze sono chiare? Qual è lo scopo del raggiungimento di questo obiettivo? Qual è la sua sostenibilità? Qual è la sua fruibilità?

	Qual è la collocazione strutturata dei vari passaggi nel percorso?
Gestione degli antecedenti	Considerato come Sintomo disfunzionale e comportamento indesiderabile l'evitamento dello sguardo diretto (presupposto scorretto) l'approccio medio ignora completamente l'analisi funzionale e fa pressione per l'emissione del comportamento
Strutturare l'intervento, prima guidato poi autonomo, nella fase **appetitiva** dell'emissione del comportamento	L'emissione del comportamento "guardare negli occhi" è richiesta senza mediazione, strutturata in modo meccanico: stimolo (nome, parola, ordine "Guardami") e pretesa di risposta
Fornire strumenti per l'orientamento	Non vengono fornite alternative e nemmeno indicazioni per individuare, riconoscere, comprendere e sistemizzare per poi gestirle, le sensazioni derivate dall'apprendimento meccanico e dall'esposizione forzata
Fornire strumenti per la tutela	Non è organizzata tutela. Una strategia efficace dovrebbe essere al contrario quella della consapevolezza e della cosciente richiesta di rispetto e adattamento dell'interlocutore; indossare lenti scure, e via discorrendo
Organizzare strategie di compensazione	Non sono previste strategie di compensazione e l'emissione di manifestazioni di disagio a seguito delle sedute è estinta in modo coercitivo
Fornire alternative sostenibili per veicolare la stessa necessità	Non risultano alternative di nessun tipo, il modellamento comportamentale è rigidamente vincolato all'emissione meccanica pavloviana dello sguardo diretto e dell'assenza di manifestazioni di disagio ad esso associate
Vestire correttamente le risorse per l'adattamento	Questo aspetto, il più delicato, non solo non è preso in considerazione negli interventi comuni sull'autismo, ma, al contrario, a seguito dell'addestramento e a volte sovrapponendolo ad esso, si pretende che le risorse mentali restino agganciate anche ad altro: in pratica si forza all'esposizione di uno stimolo che genera disagio neurologico intenso e forte risposta emotiva sgradevole, si modella severamente e rigidamente in modo che le manifestazioni di tale disagio non si manifestino, si aggancia quindi l'innesco di tutto il sistema di attivazione mentale delle risorse autistiche convogliate nell'argomento di aggancio e, fatto tutto questo, si pretende che a queste condizioni, il cervello autistico trovi modo e spazio per sviluppare un improbabile competenza multitasking e trovi risorse mentali, concentrazioni e competenze per poter seguire l'argomento proposto. Tutto questo sulla credenza immotivata che, come accade nel sistema neuro tipico, una volta agganciato emotivamente l'interlocutore la "porta di comunicazione" si apra e permetta l'ingresso e la comunicazione.

Quindi:

Qual è la sua dote di valenze REALI?	Disagio, esposizione a stimolo incomprensibile, ansiogeno e di valenza comunicativa pari a zero, adattamento molto costoso in termini di risorse mentali
Quanto le valenze sono chiare?	Le valenze reali attualmente non appaiono chiare agli operatori ed educatori nella schiacciante maggioranza degli interventi organizzati e realizzati ogni giorno per l'autismo.
Qual è lo scopo DESIDERATO del raggiungimento di questo obiettivo?	Facilitare la comunicazione, lo scambio empatico, la socializzazione secondo i criteri della cultura neuro tipica.
Qual è lo scopo OTTENUTO del raggiungimento di questo obiettivo?	Nelle situazioni migliori si ottiene meccanicizzazione dello sguardo diretto, emesso in modo dissociato dal contesto, non modulato, dal quale non è possibile ricavare nessuna informazione utile a decifrare intenti comunicativi sia in entrata e che in uscita; è possibile anche però che le conseguenze associate a tale percorso di apprendimento siano: stress; rifiuto; ABBASSAMENTO DEL QI MEDIO; peggioramento del quadro comportamentale; ansia; panico.
Qual è la sua sostenibilità?	La sostenibilità del percorso è molto bassa e in alcuni casi pari a zero, le risorse necessarie per l'emissione di tale comportamento sono troppo alte rispetto al vantaggio, quindi è un apprendimento disfunzionale o **un apprendimento in perdita** *(Apprendimento in perdita è un tipo di adattamento che si fissa perché funzionale ad un vantaggio immediato associato al contesto ma che determina uno svantaggio a lungo termine. Un esempio di apprendimenti in perdita sono i comportamenti seduttivi appresi da chi subisce violenza sessuale e deve convivere a lungo con gli abusatori, o adattamenti a condizioni di schiavitù che permettono la sopravvivenza ma rovinano la funzionalità di corpo e psiche. Sono Apprendimenti in perdita perché il danno supera il vantaggio sul calcolo a lungo termine mentre il vantaggio supera il danno nell'immediato)*
Qual è la sua fruibilità?	La sua fruibilità è pressoché nulla perché il cervello autistico non trae alcuna informazione utile dall'esposizione allo sguardo diretto e la lettura dei movimenti oculari è completamente diversa se effettuata da una persona tipica o autistica. L'apprendimento, laddove fissato, resta un esperimento da laboratorio che anzi ostacolerà il più delle volte l'evoluzione di sviluppi cognitivi potenziali futuri e l'intenzione comunicativa

Approfondiremo in seguito quali sono le dinamiche che costituiscono le Basi neurologiche e psicologiche che definiscono vantaggioso un apprendimento. Si consideri in questo capitolo il concetto di vantaggio dal punto di vista etico e non solo immediato (adattamento per non soffrire o adattamento per migliorare la percezione del benessere e delle competenze). Un adattamento orientato sul male minore ha l'effetto del metaforico "spostamento del nodo verso il basso durante il passaggio del pettine".

Perché? Perché non fornisce strumenti per continuare ad apprendere ma fissa quell'unico apprendimento limitato in modo rigido. Questo è vero per ogni sistema neurologico. Nelle persone autistiche le conseguenze dannose di tali percorsi sono anche altre. La pressione all'apprendimento (adattamento forzato) di strategie che non sono aderenti ai criteri della cultura e quindi del funzionamento autistico modifica irreversibilmente alcune funzioni neurologiche che sono alla base delle risorse cognitive della condizione: perdita IRREVERSIBILE dei picchi di competenza con conseguente abbassamento del QI medio, abbassamento della soglia di tolleranza al carico sensoriale, innalzamento della reattività di ansia e stato di panico, scarico attraverso aggressività etero o endodiretta. Interessante considerare come mediamente le femmine funzionali, seppure ad un prezzo sproporzionato, essendo favorite dalla predisposizione ormonale (UCBM: Predisposizione genetica e fattori ormonali alla base delle differenze nell'insorgenza dell'Autismo e della Schizofrenia tra maschi e femmine, Flavio Keller, 2009; The American Journal of Human Genetics, VOLUME 94, ISSUE 3, P415-425, MARCH 06, 2014, A Higher Mutational Burden in Females Supports a "Female Protective Model" in Neurodevelopmental Disorders, Sébastien Jacquemont, Bradley P. Coe, Micha Hersch, Jacques S. Beckmann,Jill A. Rosenfeld, Evan E. Eichler) e da un'accoglienza ambientale decisamente più flessibile durante i primi anni di sviluppo, possano utilizzare il potenziale di relativa competenza multitasking, mentre le femmine in condizione compromessa arrivino a manifestare comportamenti più aderenti a quelli maschili, relativi al campione di popolazione che necessita di intervento clinico.

Cosa succede quando si scatena l'aggressività? Mediamente succede che l'apprendimento ottenuto risulta essere quello associato al concetto di incompatibilità delle emozioni intense, per cui superata una determinata soglia di ansia o frustrazione o paura la persona può casualmente o intenzionalmente sperimentare l'effetto della virata verso l'emozione di rabbia, con le conseguenze di scarico fisico ad essa associabili. Il disagio genera frustrazione che a sua volta genera rabbia, la rabbia determina uno scarico e annulla immediatamente la precedente percezione di disagio. Poiché la percezione di vantaggio associata a questa esperienza è molto profonda, risulterà poi difficile destrutturare e ristrutturare correttamente il profilo comportamentale.

L'apprendimento per trauma, rigido, può arrivare a generare un fenomeno noto come psicosi secondaria, o comportamento psicotico, perché l'ambiente è psicotizzante. L'apprendimento per trauma risulta più stabile nel tempo e più immediato, a volte basta una sola esperienza perché si fissi. Queste caratteristiche hanno sempre portato a ritenere che fosse un metodo valido. Quello che sappiamo oggi però è che l'aspetto di svantaggio di questo processo di adattamento/apprendimento è rappresentato dal fatto che il dato appreso risulta anche esso cristallizzato. Non c'è evoluzione, non c'è spinta alla ricerca e alla sperimentazione, non ci sarà utilizzo generalizzato o decontestualizzato e anzi, ad ogni alternativa sarà associata una percezione di svantaggio che ridurrà lo sviluppo cognitivo potenziale e innalzerà i picchi emotivi disfunzionali e le relative manifestazioni comportamentali.

Al contrario l'Apprendimento per associazione di vantaggio, l'apprendimento senza errori, senza frustrazione, l'apprendimento in ambiente sicuro, con riferimenti e indicatori coerenti e riferimenti affettivi solidi e rimandi gratificanti per una costruzione di sé equilibrata, amplifica la probabilità che il percorso di sviluppo ne incrementi altri e che ad ogni nuovo adattamento sia associata una percezione di vantaggio.

Aumenta quindi la probabilità di apprendere se l'apprendimento è gradito al destinatario (Thorndyke).

Saranno approfondite di seguito le tematiche legate ai diversi ambiti: Apprendimento delle strategie di adattamento sociale nei maschi e nelle femmine; ruolo del QI nei percorsi di apprendimento; ruolo dell'ambiente; ruolo delle caratteristiche dell'autismo nell'apprendimento e nella didattica;

apprendimento e addestramento professionale, inserimento lavorativo, prospettive (cenni) per ogni forma di autismo; apprendimento e genitorialità, tratti autistici come risorsa.

Come definire dunque l'apprendimento?

Come si valuta un apprendimento? Un apprendimento si valuta come efficace e funzionale, ossia di successo, non solo se "tecnicamente" gli obiettivi prefissati all'inizio del percorso sono raggiunti, ma soprattutto se sono obiettivi che saranno utili all'adattamento reale del destinatario dell'intervento, al suo benessere e all'aumento della concreta e misurabile qualità della vita. Tali obiettivi infatti possono anche essere cambiati in itinere, modificati, del tutto stravolti, se il vantaggio che deriverebbe dal loro raggiungimento non dovesse risultare all'osservazione obiettiva valido.

Quali sono gli aspetti da considerare al di sotto del sintomo (comportamento)? Tutto l'insieme delle componenti cognitive, emotive e psicologiche che si trasformano durante i processi di adattamento e che, senza intervento diretto sul sintomo nella sua manifestazione esplicita (fase consumatoria dell'azione) smettono di essere emessi proprio perché cambiano i presupposti che li generavano.

Come si individua un apprendimento disfunzionale? Un apprendimento è da considerarsi disfunzionale se costituisce una forzatura, se l'alternativa proposta all'emissione del risultato atteso è considerata intollerabile, se viene emesso al di fuori dal contesto, se non genera evoluzione, se i criteri di valutazione del benessere e della tutela non sono rispettati, se non è coinvolta la rete.

Come si corregge? Un eventuale apprendimento disfunzionale va analizzato, destrutturato in modo rispettoso, proponendo percorsi di familiarizzazione (desensibilizzazione e controcondizionamento), e poi gradualmente sostituito con uno funzionale che sia proposto in modo corretto, adeguato alle esigenze determinate dalla condizione e dalle caratteristiche individuali uniche e irripetibili di ogni persona e di ogni essere inserito nel contesto unico e irripetibile nel quale si trova.

3. Come il cervello impara, strategie, adattamenti, memoria

Memoria, Percezione, Attenzione.

Questa traccia è una estrema sintesi. Le dinamiche conosciute, quelle ipotizzate plausibilmente e le altre ancora non conosciute e nemmeno completamente ipotizzabili nel loro insieme sono delicate e complesse.

Nella struttura di base però sono funzionamenti comprensibili.

Memoria.

La memoria è l'insieme delle competenze sinergiche di identificare uno stimolo (o un insieme di stimoli collegati tra loro), conservarne la sequenza come una traccia in modo sia da riconoscerla che reperirla, utilizzare in modo funzionale o relativamente funzionale i dati acquisiti e resi reperibili.

Che significa?

Identificare uno stimolo o una sequenza di stimoli collegati tra loro è un processo che si basa sulle conseguenze (peso) che ha tale stimolo nel processo di reazione dei neuroni. Stimolati oltre una determinata soglia i neuroni si attivano anche producendo molecole che generano sinapsi (collegamenti funzionali) e reagendo secondariamente a tali cambiamenti. Fino a che lo stimolo resta attivante, la risposta (lo stato di attività) resta in corso.

Mediamente la traccia di questo stato acquisito si dissolve parzialmente o del tutto. A meno che non vi siano alcune condizioni.

Una delle condizioni è l'intensità dello stimolo, un'altra la durata, un'atra ancora l'associazione ad una traccia particolare determinata da una risposta emotiva particolarmente intensa, come può esserlo la paura, lo stato di allarme, l'intenso piacere, il dolore, la felicità, ecc.....

La durata dello stimolo ha un ruolo determinante per quanto riguarda il conservare la sequenza come una traccia in modo sia da riconoscerla che reperirla. Metaforicamente viene spiegato questo concetto come se l'immagazzinamento dei dati avvenisse "fisicamente" spostando "oggetti" in "luoghi". Si parla infatti di memoria a breve termine e a lungo termine come fossero "stanze", magazzini, in cui depositare merce.

In realtà si tratta di "stati", modi di essere dei neuroni.

Se lo stato di un neurone (la molecola o combinazione di molecole che è stimolato a produrre, quella che è uso a ricevere, la mole di scambio che stimola sviluppo di collegamenti dendridici) resta attivo per un certo periodo di tempo, che varia da individuo a individuo, questo diventerà "familiare" e in alcuni casi definitivo.

Se lo stato di attività determinato da uno stimolo non supera una certa soglia temporale o di intensità o non è associato ad altre condizioni come quelle sopra elencate, i neuroni coinvolti non mantengono la sequenza associata allo stimolo. L'adattamento non è funzionale, quindi non si verifica.

Il metaforico magazzino a breve termine è dunque in realtà uno stato di attivazione dei neuroni che resta stabile per un tempo sufficiente a determinare un adattamento permanente, anche solo parziale. Se lo stimolo si ripropone mentre i neuroni sono ancora attivati dalla prima esposizione esso assume la qualità di "stimolo riconoscibile" e se l'esposizione si ripete o resta costante l'adattamento diventa definitivo (adattamento funzionale).

Una volta diventato stabile, il cambiamento diventa parte dello stato di essere e funzionale (agire/reagire) del neurone e dei neuroni coinvolti in risposta all'ambiente.

Va chiarito che il termine "funzionale" assume in questi casi valenza assolutamente relativa.

Non si deve intendere come "funzionale alla qualità della vita della persona inserita nel suo contesto generale", ma ad un livello molto più profondo funzionale in merito al delicatissimo sistema cellulare di reazione e adattamento all'ambiente.

Questo sistema di competenza costituisce quello che metaforicamente viene chiamato "magazzino della memoria a lungo termine".

Un insieme di competenze in termini di produzione e ricezione di molecole biochimiche, competenze fisiche (sviluppo di dendridi orientati a seconda della funzionalità tra neuroni che cooperano in modo che i passaggi biochimici siano più veloci e meglio distribuiti) e ovviamente elettriche che determina il funzionamento dell'intero sistema.

Se una reazione ad uno stimolo non ha prodotto un qualche adattamento concreto anche solo parziale non è possibile riconoscerlo.

Alcune volte, poiché il riconoscimento è determinato da tracce diverse che assumono una coordinazione precisa, non avviene un riconoscimento cosciente, può restare però, associato ad un qualche elemento dello stimolo, una traccia legata ad un sistema diverso. Ad esempio associata alle conseguenze di una reazione emotiva intensa o particolare.

Questo sistema permette di rendere riconoscibile e quindi reperibile per le strategie più complesse di problem solving (ad uno stadio successivo dell'elaborazione) uno stimolo che aveva attivato una marcatura intensa in termini emotivi.

Che vuol dire?

Vuol dire che se ad uno stimolo a cui si è esposti una sola volta genera una reazione neurologica che include un "codice sinaptico" biochimico/elettrico generato da intensa emozione, questa reazione tende a restare permanente, generando quindi modifiche stabili nella dinamica di interazione dei neuroni.

È una dinamica funzionale in quanto permette di riconoscere un pericolo o un vantaggio anche se non lo si incontra spesso.

A questa dinamica di associazione tra emozioni e reperibilità (riconoscimento) è legato anche al complesso sistema di riconoscimento dei volti umani, che genera una risposta adattativa neurologica particolare, coinvolgendo aree neurologiche specifiche.

Reperibilità.

L'insieme delle competenze dei neuroni così strutturata e funzionante costituisce il corpo di quello che poi si traduce in pensiero e azione.

La funzione cosciente, essendo presumibilmente successiva o avendo assunto le caratteristiche attuali solo successivamente, può utilizzare solo parzialmente questo sistema di reperibilità.

Moltissimi schemi (informazioni) restano infatti acquisiti secondo criteri non riconoscibili, e quindi non reperibili dalla funzione cosciente, ma sono utilizzati normalmente, fino a che presenti e/o stabili, per tutte quelle funzioni che non richiedono il coinvolgimento della funzione di coscienza (memoria prassica, procedurale, memoria emotiva, problem solving, elaborazione onirica, apprendimento, percezione ecc.)

In alcuni casi, laddove ad esempio è presente un danno a quella che viene definita "memoria a breve termine" vi può essere una perdita temporanea o permanente dell'accesso a queste informazioni in modo cosciente. Le informazioni (schemi) se rientrano nei criteri di immagazzinamento permanente (se determinano un adattamento permanente delle funzioni) restano però immagazzinate in termini di competenza.

Ogni schema di adattamento permanente può essere reperito solo se individuato nel suo sistema preciso. Una buona analogia è quella tra questo sistema e quello degli archivi, che infatti ne rappresentano platonicamente una testimonianza (ombra). Se cerchiamo un dato in un archivio dobbiamo conoscere il codice secondo il quale è stato archiviato.

Questo è uno dei motivi per cui tendenzialmente i bambini che imparano a leggere o scrivere prima dei tre anni sembrano mantenere una memoria di eventi mediamente non ricordati dagli altri.

È ipotizzabile che la compresenza dello schema verbale durante l'acquisizione di dati secondo schemi non verbali funga da "stele di rosetta". Mantenendo l'analogia: è come se su ogni cassetto dell'archivio vi fosse sia la scritta a parole che la traccia non verbale. Uno dei motivi per cui chi mantiene pensiero visivo o schematico per tutta la vita riesce a decodificare "l'archivio" di informazioni immagazzinate prima dell'acquisizione del codice verbale.

Questo sistema di codici diversi ha un ruolo importante anche nella comunicazione di concetti quali astrazione e generalizzazione. Se la sostanza del messaggio per cui si richiede un lavoro di astrazione e/o generalizzazione non è riconoscibile non sarà possibile fare un lavoro di elaborazione e utilizzo e si genererà un fraintendimento.

Altri motivi per cui le persone non tipiche tendono a memorizzare informazioni che vengono scartate dei sistemi tipici sono i seguenti: maggiore associazione della reazione agli stimoli con risposte emotive intense (in genere di allarme), maggiore "spazio" (criteri di mantenimento degli stati di attivazione: i cervelli tipici "memorizzano" altro rispetto ai dettagli ambientali, e quindi in realtà una diversa percezione e capacità mnemonica, probabilmente del tutto simile come "spazio" quindi, solo attivata da input differenti), reazione anche a stimoli meno intensi , che non passano la soglia di attivazione tipica, ecc....

Una differenza importante è anche nell'adattamento secondario. Un dato immagazzinato in modo parziale da neuroni che funzionano in modo tipico può essere modificato se gli stimoli ambientali sono adeguati. Che significa? significa che i neuroni umani mediamente reagiscono a stimoli al di sopra di una certa intensità. Questo significa perdere a priori parte dell'informazione, ma è una perdita funzionale in quanto permette un margine di adattamento dei neuroni che dipende non solo direttamente dallo stimolo oggettivo (così come arriva attraverso il sistema sensoriale) ma è sensibile alla sollecitazione ambientale in termini di influenza sociale.

In pratica un dato ambientale che arriva parzialmente lascia un margine di possibilità di schema di adattamento piuttosto alto. Questo margine si adatta su stimoli emotivi legati in modo particolare all'interazione tra simili.

Tradotto in termini terra terra significa che lo schema di adattamento e quindi lo stato di permanenza di uno schema sono influenzabili da parte di secondari schemi emotivi stimolati dall'interazione sociale legata a quei dati.

In pratica un dato memorizzato, nei suoi aspetti di riconoscimento, reperibilità e utilizzo, può essere diverso rispetto allo stimolo oggettivo originale, perché strutturato secondo indicazioni di diversa natura.

Nel cervello autistico questo non succede. Non c'è margine di adattamento associato a risposta emotiva da pressione sociale. A meno che questa non inneschi a sua volta una risposta di panico o che non vi sia poi una "credenza" cognitiva secondaria strutturata per convinzione. Ma è una dinamica diversa.

Nessuna delle due modalità è scorretta, sono funzionamenti diversi previsti nell'insieme della possibilità della specie. Tutti e due i sistemi possono presentare alterazioni patologiche che sono specifiche, per dinamica, per l'uno e l'altro tipo di organizzazione.

L'organizzazione mista (con tratti sia tipici che autistici) parrebbe conservare un sistema mnemonico prevalentemente simile a quello autistico, ma anche la risposta all'influenza emotiva determinata socialmente. Mediamente i dati empirici portano a ipotizzare che l'adattamento consista nello sviluppo di una sorta di "doppia scala di valori" giustificata, a livello cosciente.

Nell'interazione umana conoscere i codici di comunicazione è determinante per la buona riuscita della comunicazione stessa.

Quando dei dati sono immagazzinati secondo criteri diversi (cioè quando gli schemi di adattamento dei neuroni sono organizzati e poi quindi attivabili secondo un determinato codice sequenza) le richieste dovrebbero essere fatte in modo tale da tenere in considerazione il sistema di archiviazione e reperibilità del ricevente, o almeno un sistema che preveda un compromesso sostenibile.

Alla base dei problemi di interazione e comunicazione tra popolazione autistica e neurotipica c'è infatti proprio il fenomeno denominato "fraintendimento culturale": utilizzo di segni simili a cui sono attribuiti significati differenti in un contesto di significativo sbilanciamento di potere e di numero.

Percezione.

La migliore definizione della Percezione è quella che la descrive come il processo che elabora a tutti i livelli neurologici i dati in entrata attraverso i canali sensoriali.

Si tratta dunque del modo in cui il cervello elabora quello che gli arriva dall'ambiente.

Va quindi chiarito un concetto fondamentale: quello che arriva dall'ambiente NON è tutto quello che l'ambiente è.

Questo per almeno tre motivi fondamentali. Il primo è che quello che arriva dall'ambiente NON è l'ambiente stesso ma qualcosa che sia uno stampo di parte di esso e/o che è il risultato dell'azione che una parte dell'ambiente genera.

Il secondo è che di tutto questo "stampo" e di tutta questa parziale produzione a noi arriva solo quello che aderisce ad un qualche codice per noi decodificabile e che supera una certa soglia di risposta di attivazione.

Il terzo è che quello che poi ci arriva davvero è appunto la NOSTRA risposta una volta che il canale sensoriale è sollecitato al punto giusto da una parte di questa produzione e/o di questo "stampo".

Che vuol dire?

Vuol dire che non tutto l'ambiente è manifesto e che la parte che di esso è manifesta lo è come una impronta in negativo dell'ambiente stesso (ci arriva l'effetto dell'elaborazione della clorofilla non l'elaborazione nella sua sostanza, o il riflesso delle radiazioni di luce sugli oggetti, non gli oggetti nella loro sostanza, il rimbalzo del suono sulle superfici o le onde propagate da un movimento, non il movimento nella sua sostanza, ecc..), quello che ci arriva direttamente è l'effetto di una parte dell'ambiente o addirittura di una parte della parte dell'ambiente. Di tutto questo insieme di stimoli presente oggettivamente e che rappresenta almeno parzialmente l'ambiente nella sua sostanza a noi può arrivare solo quello che possiamo leggere. Ad esempio l'aria è piena di ultrasuoni che l'orecchio umano però non può cogliere, e le reazioni degli oggetti bombardati dalla luce cambia a seconda del tipo di radiazione "letta" (decodificata). Per cui si può avere una idea di come arrivi l'aspetto di un fiore al sistema sensoriale di un insetto che "legge" i raggi ultravioletti osservando la "traduzione" calcolata di una immagine fotografata da uno strumento tarato sulla decodifica di quei raggi.

Solo comparando questa traduzione ipotizzata con una immagine percepita secondo i criteri umani si nota una discrepanza enorme, addirittura di forma, non solo di colore.

Quale sia la sostanza del fiore stesso non ci è dato sapere, grande presunzione di ogni individuo è chiaramente quella di ritenere che sia corretta la propria (sarebbe impensabile un adattamento altrimenti).

Il terzo punto è forse ancora più significativo, perché ci impone di fare i conti non solo con il fatto che quello che arriva dall'ambiente non è l'ambiente stesso e con il fatto che di tutto quello che dall'ambiente arriva non possiamo leggere tutto, ma anche degli stimoli che possiamo decodificare, quelli che arrivano ai nostri canali sensoriali non "entrano" nel nostro sistema ma generano una serie di risposte, reazioni.

Sono quelle reazioni che poi vengono elaborate.

Solo a questo punto comincia l'elaborazione percettiva.

Cos'è e come funziona la percezione?

Una volta che uno stimolo ambientale ha generato una risposta sensoriale (cioè una attivazione dei neuroni secondo uno schema preciso), l'insieme dei cambiamenti così stimolati genera a sua volta una risposta adattiva.

I neuroni, cambiando stato, impongono a tutto il sistema un cambiamento a catena che è descrivibile come un processo di riconoscimento, integrazione e utilizzo dello schema generato.

Questo adattamento reattivo coinvolge tutti gli strati dell'organizzazione neurologica perché interessa chiaramente i processi spontanei direttamente associati al sistema sensoriale, tutto il sistema emotivo e anche i processi cognitivi.

Questo adattamento è costante perché costante è l'esposizione agli stimoli ambientali.

Quando la soglia di adattamento funzionale viene superata da una sovraesposizione si ha un crollo del sistema adattivo. Il crollo è funzionale e serve a preservare gli equilibri acquisiti.

Quando il crollo non è episodico ma costante a causa di una sovraesposizione costante vi è un danno.

Vi sono limiti fisiologici di adattamento alla pressione ambientale oltre i quali il sistema si danneggia.

Questo adattamento (percezione) favorirà l'associazione tra uno stimolo e la risposta che ha un peso maggiore. Ad esempio in uno stimolo che genera paura sarà favorita spontaneamente anche l'elaborazione cognitiva associata ad esso.

Poiché l'adattamento è costante ogni elemento può essere modificato entro un certo margine, a seconda di quanto si sia fissata una certa competenza "fisica" dei neuroni coinvolti. Questo vuol dire che per trasformare un intricato sistema dendridico sviluppatosi in risposta adattiva ad uno stimolo spaventoso (come può essere ad esempio un pensiero ossessivo che innesca lo stato di panico) o vantaggioso (una associazione erotica gratificante che genera risposte adattive profondamente gratificanti) non potrà essere sufficiente "parlarne". Di contro anche l'esposizione "compensatoria" allo stesso stimolo associato in modo strutturato a esperienze gradevoli o relativamente gradevoli non trasforma l'esperienza in un vantaggio oggettivo (la sola risposta sgradevole emotiva è Vantaggiosa rispetto alla stessa UNITA ad ulteriore punizione, cioè vivere l'emozione negativa mostrando un comportamento "X" è vantaggioso rispetto al vivere l'emozione negativa associato a punizione – svantaggio ulteriore – mostrando il comportamento "Y").

Ci sono inoltre finestre temporali entro le quali un'elaborazione percettiva assume connotazioni del tutto diverse. Certe risposte d'attivazione d'allarme ad esempio possono essere attivate in modo fisiologico solo entro un certo stadio dello sviluppo, non dopo e non prima. Presumibilmente questo avviene perché prima i neuroni non sono ancora specializzabili, troppo ancora flessibili, troppi di numero e con competenze limitate, in seguito se non stimolati in quel modo perdono il potenziale di connessione necessario a stabilizzare lo schema, forse per apoptosi o perché coinvolti in processi che favoriscono risposte adattive diverse. Recenti studi hanno dimostrato che nel cervello autistico non c'è lo stesso "ricorso" all'apoptosi del cervello tipico. Questo perché il processo per attivarsi necessita di una soglia di stimolazione molto bassa o assente, tale insomma da non giustificare il mantenimento del neurone o della sinapsi in questione. Attivandosi ad una soglia di stimolo inferiore i neuroni e le connessioni autistiche restano numerosi, senza apoptosi o quasi.

A questo processo va aggiunto il complesso schema di attribuzione di valore del ruolo sociale nell'elaborazione percettiva. Un esempio può essere il modellamento propriocettivo posturale sul feedback sociale, che è del tutto o parzialmente assente nell'autismo (la postura, inclusa quella del volto, mimica, NON si modella in base alle risposte di approvazione o critica non verbale del gruppo).

La qualità e la mole dei dati in entrata dunque è da ritenersi alla base della differenza di funzionamento neurologico tra tipici e autistici.

Laddove i dati arrivano in quantità e qualità inferiore il sistema deve attivarsi per compensare le informazioni e lo fa attraverso l'utilizzo della competenza di riempimento e del feedback sociale, innescando così la dinamica del superorganismo.

Specularmente per mantenere un determinato livello di focalizzazione, anche questa funzionale alla specie, il cervello autistico ha neuroni che si attivano ad una soglia più bassa, sistema limbico più ampio, fisicamente, e quindi più sensibile, ed è immune da influenza sociale a meno che non superi una certa soglia di pressione chiaramente o le indicazioni non siano esplicitate generando dinamiche cognitive ed emotive su un piano differente.

Poiché gli studi sui primati dimostrano che i balzi culturali dipendono dallo sgancio dalle dinamiche sociali è ipotizzabile che l'iperspecializzazione autistica sana abbia svolto una funzione evolutiva importante nel corso della storia. Ma questo è un altro discorso.

Attenzione.

Nel complesso delle elaborazioni percettive vi sono alcuni processi particolari, prioritari.

Questi processi sono associati all'innesco delle dinamiche di attenzione.

L'attenzione è l'attivazione di una risposta di interesse almeno parzialmente cosciente ad uno stimolo preciso che assume per qualche ragione una valenza motivazionale importante.

Che significa?

Significa che in tutto questo adattamento continuo agli stimoli ambientali e in tutto l'acquisire nuove combinazioni di competenze, ve ne sono alcune, di strategie schematiche, che si innescano secondo un sistema particolare perché superano una ulteriore determinata soglia di attivazione oltre il semplice adattamento.

Questa soglia è sia neurologica che emotiva e cognitiva. Ad esempio rappresentata nei mammiferi dalla risposta spontanea ai suoni acuti o dalla risposta dell'iride ad alcuni stimoli precisi. L'iride mediamente nell'uomo si dilata nella femmina in presenza di immagini di bambini piccoli, nel maschio se esposto ad immagini dal contenuto sessuale.

Il processo di attenzione si può definire come un convogliamento spontaneo della maggior parte delle risorse mentali in un argomento preciso. Tale convogliamento per essere messo in atto, poiché richiede un certo investimento e l'abbassamento dell'attenzione nei confronti di altro (determinando quindi una certa parziale vulnerabilità) deve soddisfare alcuni criteri, primo tra tutti quello di vantaggio percepito.

Una precisazione importante da fare è tra la dinamica di attivazione dell'attenzione come processo di apprendimento/interesse, e il concetto di attenzione associato allo stato di allarme.

Sono processi diversi perché cambia il concetto di vantaggio alla base. Nel primo caso si tratta dell'attivazione di dinamiche di attrazione, nell'altro di repulsione.

Poiché attrazione e repulsione sono due facce della stessa medaglia è facile fare della filosofia spicciola in questo caso e le posizioni a riguardo sono infatti discordanti.

La mia personale opinione è che essere attratti (innesco dell'attenzione come attrazione) da un argomento è un processo che si basa su una dinamica diversa rispetto all'essere concentrati per evitare un danno (innesco dell'attenzione come repulsione). Siamo tutti d'accordo sul fatto che la repulsione dal male è l'attrazione verso il bene percepito, ma è proprio la dinamica alla base che è diversa e il tipo di risposta emotiva ad esso associata.

Anche l'apprendimento è diverso: nozioni apprese durante l'attivazione di attrazione facilitano la flessibilità, lo sviluppo dei dati acquisiti e l'utilizzo vario. I dati acquisiti durante lo stato di allarme tendono ad avere caratteristica di rigidità (poiché questa strategie mi evita un danno ogni cambiamento è percepito come possibile amplificazione della probabilità che il danno si compia, di conseguenza la percezione di vantaggio, inteso come danno minore, è associata al dato invariabile).

È mia personale opinione inoltre ritenere che nell'autismo ad esempio tutto ciò che NON innesca una risposta di allarme innesca quella di attenzione, poiché l'intero sistema si basa sulla competenza di convogliare spontaneamente, di prassi, la quasi totalità delle risorse mentali in un argomento o pochi alla volta, nel sistema autistico questo NON rappresenta uno sforzo, ma il normale funzionamento fisiologico.

Ecco perché è un controsenso impostare l'apprendimento nell'autismo contrastando gli "interessi assorbenti".

Nel cervello tipico al contrario è fisiologico il multitasking (in misura differente per genere chiaramente, dato il ruolo ormonale in questa dinamica).

Gli animali non umani, in misura diversa a seconda del potenziale cognitivo, tendono a funzionare sia per l'attenzione che per l'apprendimento come le persone autistiche.

Una volta quindi che lo stimolo ambientale supera questa soglia di attivazione e innesca l'attenzione nel cervello tipico l'adattamento sarà dinamico, rispetto agli stimoli a cui si è via via esposti. Interrompere questa esposizione continua favorisce la memorizzazione di uno schema che quindi mantenendo caratteristica di fissità per un certo tempo, viene considerato funzionale determinando adattamento che in questo caso è rappresentato dall'apprendimento.

In parole povere i dati che si traducono in una risposta dei neuroni allo stimolo, restando presenti per un tempo tale da essere significativo stimolano un adattamento che resta parzialmente o definitivamente permanente.

Se questi dati cambiano di continuo non vi può essere adattamento stabile.

Nel cervello autistico al contrario l'esposizione a nuovi dati dello stesso argomento amplifica la spinta motivazionale e poiché il passaggio nell'archivio di memoria è quasi immediato non c'è bisogno di queste pause.

Al contrario lo sforzo innescato dalla risposta adattiva sociale tipica genera esigenza di riposo (sonno).

Personalmente ho sempre ritenuto interessante notare come nel cane (animale simbiotico dell'uomo) le dinamiche di attenzione e apprendimento siano del tutto simili a quelle autistiche, come pure l'emissione dei codici comportamentali escluse le risposte sociali strategiche come la "conferma" *, mentre la lettura del comportamento umano tipico è completamente aderente a quella tipica. Il cane raggiunge e supera la decodifica del non verbale umano.

*La conferma è la riposta adattiva del cane che NON è esposto allo stimolo diretto ma alla sola manifestazione della risposta di un compagno, alla quale si adatta automaticamente. Un cane da punta ad esempio punta spontaneamente anche se non ha visto la preda ma solo il compagno che l'ha vista e che emette la punta in risposta.

Nell'uomo succede una cosa del tutto simile: le persone tipiche ridono se qualcuno ride anche se non sanno perché ride, o piangono se piange, anche se non sanno perché.

Se una persona tipica entra in una stanza e vede qualcuno spaventato, terrorizzato, si terrorizza a sua volta, anche se non sa cosa lo ha spaventato. Questa risposta è reale, organizzata dal cervello in risposta al messaggio sociale di lettura del codice del compagno di specie.

Un autistico che entra in una stanza nella stessa situazione no. Non si adatta spontaneamente, non sente necessariamente paura perché vede qualcuno che ha paura. Questa caratteristica è neutra, non buona non cattiva, il suo aspetto di vantaggio o svantaggio dipende dalla situazione.

4. Sensorio

Il sistema sensoriale è un filtro, un complesso sistema che permette l'interazione tra individuo e ambiente. Si può pensare ad esso come ad una enorme rete di accesso, distribuzione, elaborazione e uscita di elementi che vengono scambiati tra l'uno e l'altro. Vi sono canali di entrata, che permettono ad alcuni degli stimoli presenti in ambiente di arrivare all'individuo; canali di trasmissione che permettono a questi elementi di viaggiare fino all'area specializzata nella decodifica, nell'immagazzinamento, nella selezione secondaria e nel recupero e riutilizzo; vi sono poi canali di "uscita" che permettono il manifestarsi della risposta. Questo è vero per ogni creatura esistente. Senza un filtro organizzato in qualche modo non è possibile interazione tra soggetto e ambiente.

Quando si parla di sensorialità e autismo ci si riferisce in maniera specifica a tutta la parte relativa agli accessi. Cosa arriva dal mondo all'autistico? Come arriva?

Senza entrare nel dettaglio basti pensare che nella maggior parte della popolazione umana la risposta ad uno stimolo, dal punto di vista sensoriale, neurologico, arriva quando lo stimolo in questione raggiunge una determinata soglia. Con una flessibilità relativa alle sfumature di differenze individuali, mediamente questa soglia di attivazione è inclusa entro un range più o meno stabile.

Intensità dello stimolo (livello), frequenza (durata e ripetizioni ravvicinate nel tempo) e associazione ad eventi che attivano o hanno fissato una risposta emotiva intensa sono i criteri di riferimento. La differenza fondamentale, la prima nell'ordine della dinamica degli eventi che portano a comportamenti diversi (Culture diverse) è che questa soglia di attivazione è del tutto diversa. Il sistema sensoriale autistico risponde a stimoli di intensità molto più bassa rispetto a quelli necessari per attivare il sistema tipico. Inoltre nell'autismo non esiste selezione percettiva e quindi non si può ignorare l'interferenza.

Che cosa vuol dire questo?

Vuol dire che uno stimolo come potrebbe essere una variazione di radiazione di luce, un suono considerato mediamente molto debole, uno sfioramento della pelle, possono innescare risposte complete e attivare tutto il sistema, spesso anche allarmandolo. Tutto questo si amplifica, con esito spesso invalidante, via via che il sistema di organizzazione neurologica in questione si manifesta in modo profondo, non controllato o in qualche misura disfunzionale.

Gli elementi di disfunzionalità posso essere anche relativi solo ad alcuni aspetti e l'insieme delle caratteristiche o tratti, determina la collocazione dell'intero profilo nella definizione di condizione patologica o meno, in proporzione al grado di limite all'autonomia che ne deriva e anche alla potenziale reversibilità. Alcuni sintomi infatti, come lo stato di panico solo per fare un esempio, possono regredire e la persona può recuperare in pieno autonomia e funzionalità.

Si consideri la massima per la quale, collocandole correttamente come condizioni diametralmente opposte (Crespi, Badcock, Psuchosis and autism as diametrical disorders of the social brain, Behavioral and Brain Sciences, 2008) si potrebbe definire la sensorialità autistica come sistema in grado di far entrare stimoli che modificano fisicamente e realmente percezione, pensiero e comportamento; stimoli che non arrivano alle altre persone immerse nello stesso ambiente e che quindi non hanno effetto sui loro processi di percezione, pensiero e comportamento; e sono stimoli REALMENTE presenti in ambiente .

Per la condizione diametralmente opposta, la psicosi (esclusi i disturbi dell'umore seppure alterando la percezione della realtà hanno dinamiche diverse) si potrebbe definire la sensorialità psicotica (condizione patologica della neurotipicità) come sistema in grado di far entrare solo pochi stimoli, che però modificano fisicamente e realmente percezione, pensiero e comportamento; stimoli che non arrivano allo stesso modo alle altre persone immerse nello stesso ambiente e che quindi non hanno effetto sui loro processi di percezione, pensiero e comportamento; e, cosa determinante, alla fine del processo percettivo risultano essere stimoli NON REALMENTE presenti in ambiente. Si tratta infatti dell'esito di processi percettivi disfunzionali relativi ad una competenza specifica del sistema tipico: la competenza di riempimento.

Di seguito uno schema che riassume questi dati:

	Sensorialità autistica	Sensorialità Tipica
Ingresso di stimoli che modificano fisicamente e realmente la percezione	X	X
Ingresso di stimoli che modificano fisicamente e realmente il pensiero	X	X
Ingresso di stimoli che modificano fisicamente e realmente il comportamento	X	X
Ingresso di stimoli che modificano fisicamente e realmente la percezione delle altre persone esposte	X	X
Ingresso di stimoli che modificano fisicamente e realmente i pensieri delle altre persone esposte	X	X
Ingresso di stimoli che modificano fisicamente e realmente il comportamento delle altre persone esposte	X	X
Presenza oggettiva sul piano di realtà dello stimolo PERCEPITO	**X**	NO

Questo schema è gradualmente più aderente alle condizioni di disfunzionalità e diminuisce proporzionalmente quando si nella organizzazione funzionale di entrambe le condizioni. Esso però costituisce lo schema base per la comprensione delle dinamiche che portano a comportamenti così diversi nel profilo delle persone autistiche e tipiche.

Vi sono poi altri elementi che vanno considerati. Uno dei più importanti è che proprio a causa della soglia recettiva agli stimoli in entrata questi arrivano al sistema con forte intensità tutti e in grande quantità. Una mole simile di dati necessariamente comporta l'esigenza primaria di fare un "inventario" prima ancora che selezionare. Questa è una caratteristica importante da comprendere perché nel sistema tipico le cose, già ad un livello così a monte, sono organizzate in modo completamente diverso. É il livello stesso necessario ad innescare la reattività neuro tipica che determina una prima selezione in partenza. Ad entrare, e quindi ad essere potenzialmente elaborati, sono solo un numero limitato di elementi presenti in ambiente. Questo permette un certo margine di manovra sia per la risposta che per la selezione secondaria o percettiva.

Cosa vuol dire? Vuol dire che un sistema organizzato in modo da consentire l'accesso ad un gran numero di elementi funziona tutto in relazione a questo. Gli elementi che entrano quindi non sono solo in numero maggiore rispetto a quelli che superano la soglia di attivazione del sistema tipico, ma restano pressoché invariati anche durante la fase di elaborazione. Convogliare dunque risorse mentali nei confronti di uno degli elementi o della categoria alla quale è stato abbinato, proprio a causa della mole dei dati coinvolti, necessita di un coinvolgimento imponente di tali risorse. L'avvio di questo impegno, un vero e proprio investimento, determina utilizzo di energie e organizzazione e poiché si tratta di un processo voluminoso e profondo, prevede un avvio ma anche un mantenimento sino a termine dell'attività.

In tutto questo sistema, che è identico per ogni forma di autismo, appare complicato e anche non utile, gestire con fluidità i valori di un altro sistema basato su criteri diametralmente opposti. Per riuscire a farlo vi devono essere alcuni prerequisiti, tra i quali il genere, il potenziale cognitivo, la ricchezza di dati a disposizione (cultura propriamente detta), e un atteggiamento ego sintonico e consapevole che coinvolge le emozioni e che approfondiremo nei capitoli seguenti di questo lavoro. Quando possibile però va considerato che questo adattamento, o "camuffamento" secondo alcuni autori, ha un prezzo piuttosto alto. Le condizioni più compromesse non possono gestire questa mole di impegno. Siano esse determinate da una grande profondità della condizione oppure da limiti cognitivi che casualmente si collocano in un sistema su base autistica, la mimetizzazione, che altro non è che l'utilizzo di una parte dei segnali comportamentali aderenti ai criteri della cultura tipica, non è possibile in nessuna misura.

Specularmente le persone neurotipiche in condizione compromessa si trovano a sperimentare le stesse difficoltà nei confronti dei comportamenti associabili alla cultura autistica.

Il passaggio iniziale dell'interazione soggetto/ambiente dunque è determinato da un certo tipo e numero di stimoli che riescono a superare l'accesso. Basterebbe questo a comprendere come mai un percorso di apprendimento di qualsivoglia natura pensato per un sistema che ha una sensorialità tipica non può funzionare per l'autismo.

Perché è importante capire queste dinamiche?

È importante perché tutto quello che porta al sintomo parte dal sensoriale. I sintomi, o segni, sono i comportamenti. Ogni comportamento è il risultato di un pensiero o una emozione, a loro volta parte di un processo di percezione che dipende in senso stretto da cosa entra attraverso i canali di accesso sensoriali e dal modo in cui quello che entra arriva e viene immagazzinato.

Esempi reali:

Immaginiamo una dinamica comune, come l'ingresso in aula scolastica della insegnante. La persona è conosciuta, l'arrivo è in orario previsto, il clima è soleggiato, leggermente ventoso e con nuvole sparse. La pettinatura dell'insegnante è quasi la stessa, l'abbigliamento è il solito, il colore di capelli è nuovo, questo cambiamento non era stato annunciato.

Perché un bambino neuro tipico medio continua a interagire amabilmente durante gli innumerevoli cambiamenti ai quali è esposto, durante quell'ora di permanenza in una stanza in una giornata qualunque di un autunno qualunque dell'emisfero boreale mentre un bambino autistico emette segni che vengono considerati indesiderabili?

Tra gli innumerevoli motivi che possono innescare risposte comportamentali di disagio nel secondo bambino è possibile considerare alcuni elementi presenti in ambiente che entrano nel sistema e necessitano di collocazione, adattamento, elaborazione e che al contrario o non entrano affatto nel sistema del bambino tipico (come ad esempio l'insieme delle variazioni di luminosità e colore di ogni elemento presente nella stanza causato dal passaggio delle nuvole davanti al sole), altri che riescono ad entrare ma vengono scartati durante il passaggio della selezione secondaria durante l'elaborazione percettiva e finiscono ad essere considerati come "stimoli di sfondo", ossia elementi a cui non dare peso, per i quali non investire attivandosi (come ad esempio i movimenti e i suoni dei rami degli alberi mossi dal vento), e altri ancora che arrivano del tutto attutiti (ingresso parziale) e si ricollocano facilmente come frammenti sostituiti in un insieme percepito che, nella sua sostanza, non ne risulta particolarmente modificato (il nuovo colore dei capelli dell'insegnante). Anzi, questo elemento di "novità" si pone come potenziale di vantaggio nell'ottica delle dinamiche sociali e di alleanza che organizza le interazioni secondo i criteri della cultura tipica (se ad esempio il bambino volesse "curare" l'alleanza con la maestra potrebbe farle un complimento per il nuovo colore, se al contrario volesse emergere come spavaldo per candidarsi a leader dei pari potrebbe scegliere atteggiamenti di sfida e criticarla).

Il bambino autistico, su un piano di adattamento all'ambiente completamente diverso, si troverebbe ad avere in entrata tutti gli innumerevoli cambi di luce e colore determinati dal movimento delle nuvole davanti al sole, dovrebbe quindi riorganizzarli e ricatalogarli di continuo. Inoltre tali stimoli, per loro stessa natura, potrebbero innescare la reattività dei bastoncelli della retina che a loro volta genereranno risposte ormonali che ne attiveranno altre emotive. Le risposte emotive ai cambiamenti repentini di luce e contrasto sono generalmente di ansia o peggio.

A questo primo, impegnativo adattamento va calcolato quello della elaborazione in entrata di tutti gli stimoli, suoni e immagini, derivati dal movimento dei rami al vento. Questi elementi arrivano in modo del tutto uguali agli altri, sullo stesso piano e restano sullo stesso piano, necessitando anche loro di collocazione e quindi di inventario e sistemizzazione.

Per finire l'elemento di novità nell'aspetto dell'insegnante innesca, a livello sensoriale, una serie di risposte neurologiche che vanno dall'innesco del panico (picco di risposta a stimolo non familiare e non previsto) da sorpresa, all'affaticamento per la collocazione del dato in modo che sia coerente con le informazioni in possesso. Quindi dovrà poi rielaborare tutte le informazioni in merito all'identità della persona in questione e fare un lavoro di catalogazione delle informazioni per poter leggere correttamente i dati in una serie di colonne o piani diversi che vanno da quello dei vari colori di capelli a quello associato delle diverse modalità di cambiamento di colore dei capelli per concludere con quello del riconoscimento dei volti familiari e dell'organizzazione di nuove regole di relazione che includano la risposta a quel cambiamento.

A tutto questo, a seconda del potenziale cognitivo espresso, delle informazioni sui criteri di interazione sociale tipici a disposizione (e fruibili concretamente) e in base all'esperienza potrà manifestare un range di comportamenti che vanno dalla scelta di non mostrare il disagio e scaricare in seguito la pressione emotiva (ad esempio gestendo in privato esigenze di scarico o una serie di attacchi di ansia, o la maggiore sensibilizzazione generalizzata a causa dello sforzo), al commento che secondo i criteri della cultura tipica risulta quasi sempre irrispettoso o offensivo ("perché hai cambiato colore? non mi piace questo colore", "non ti sta bene", "Stavi meglio prima", "sei brutta", "Mi fai paura, non ti posso guardare", e via discorrendo), alla manifestazione di disagio non controllata (scaraventare oggetti, urlare, picchiarsi, fuggire/allontanarsi dallo stimolo avversivo).

É importante capire cosa determina un comportamento se intendiamo modificarlo, perché modellare il comportamento senza agire sulle dinamiche che lo generano è sempre indice di un fallimento nella relazione. Inoltre, nella prospettiva professionale, "sporca" il quadro comportamentale che invece è determinante per poter leggere tutto quello che ne è alla base. É importante però ricordare anche che l'analisi funzionale, utile per orientarsi, è, come dice Flavia Caretto, più simile al fotogramma di un video che ad una fotografia perché le dinamiche sono in continua e costante mutazione e anche quello che può essere percepito come un vantaggio un istante prima può divenire svantaggio immediatamente dopo.

Alla mole di stimoli in entrata dall'ambiente esterno vanno poi aggiunti nel calcolo anche quelli che provengono dal corpo stesso. Il corpo nel quale esistiamo è esso stesso "ambiente", con tutta una parte di attività che non dipendono dalla volontà e men che meno dalla consapevolezza. Una serie di movimenti, rumori, pressioni, consistenze, presenze o assenze che, esattamente come quelli provenienti dall'esterno, costituisce un esercito di informazioni in entrata che arrivano alla fase di elaborazione ognuna con la stessa intensità, presenza e importanza di tutte le altre.

Il suono e la sensazione del respiro, il rumore del battito del cuore, il fruscio del sangue che scorre nelle vene, i "puntini vibranti" presenti costantemente nel campo visivo, il suono costante proveniente dal timpano, la consapevolezza propriocettiva di braccia e gambe, dei genitali, del collo o, di contro, la repentina "assenza" di segnali da parti del corpo che a volte, se non coinvolti in qualche modo, emettono segnali di difficile decifrazione e risultano come "non pervenuti". Un "Non segnale" è esso stesso un segnale e necessita, come gli altri, di sistemizzazione e collocazione che rispetti dei parametri soddisfacenti. Gli elementi in entrata provenienti dal proprio organismo hanno una caratteristica notevole di potenziale innesco di panico: non possono essere fuggiti Non ci si può allontanare dal proprio corpo e non si può interrompere il battito cardiaco, il fluire del sangue, il respiro.

Confronto del funzionamento sensoriale autistico e neuro tipico:

Sistema autistico	Sistema neurotipico
Grande Mole di stimoli in entrata dall'ambiente esterno, ognuno dei quali necessita di collocazione adeguata ed è considerato pari a tutti gli altri (di uguale importanza)	Ridotto numero di elementi in ingresso dall'ambiente esterno che a loro volta verranno inconsciamente selezionati e inseriti come "rumore di fondo" su cui non investire ed elementi interessanti, da inserire in contesti che diano loro valenza interpretativa
Grande mole di stimoli in entrata provenienti dal proprio organismo, ognuno dei quali necessita di collocazione adeguata, e che ha la caratteristica di non poter essere evitato.	Numero e intensità di elementi in entrata provenienti dal proprio organismo pressoché nullo, quelli relativi alla propriocezione sono gestiti come "rumore di fondo", la reazione comune a tutta la popolazione e l'innesco della risposta è alla soglia di stimolazione che arreca danno fisico.
Adattamento a tutte le modifiche e riconsiderazione degli schemi immagazzinati	Adattamento degli elementi selezionati al contesto in base a competenze di riempimento e segnali sociali che ne stabiliscono la valenza

Da cui derivano:

Sistema autistico	Sistema neuro tipico
Gestione impegnativa della risposta emotiva diretta agli stimoli	Gestione impegnativa della collocazione sociale e contestualizzata degli elementi in entrata
Gestione impegnativa dei pensieri associati all'elaborazione degli stimoli	Gestione impegnativa dei pensieri associati alle dinamiche relazionali in qualche misura collegate o riconducibili agli stimoli
Scelta del comportamento più vantaggioso che può essere di implosione, di "rottura" (aggressività) o di tutela (fuga, evitamento) ma anche di camuffamento (emettere il comportamento noto gradito agli altri)	Scelta del comportamento più vantaggioso che mediamente utilizza i canali della condivisione, del confronto spontaneo, dell'influenza reciproca e della cura delle alleanze
Gestione della risposta sociale negativa alla manifestazione, volontaria o involontaria, delle proprie esigenze	Adattamento a priori della manifestazione delle esigenze
Gestione autonoma degli stati emotivi conseguenti	Gestione condivisa degli stati emotivi conseguenti
Gestione autonoma dei pensieri conseguenti	Gestione condivisa dei pensieri conseguenti
Gestione autonoma dei comportamenti basata su regole strutturate su esperienze immagazzinate o esplicitate	Gestione condivisa dei comportamenti, basata sul modellamento sul feedback

Spesso nell'autismo funzionale un adattamento sociale soddisfacente amplifica eventuali sensibilità intensificandole. Alcuni esempi possono essere quelli relativi alle selettività alimentari, che tendono ad amplificarsi se si è impegnati a sostenere il costo della mimetizzazione sociale.

Spero si capisca che una reazione da intolleranza sensoriale ad un sapore o alla consistenza di un alimento che si amplifica quando tutto il sistema è sovraccaricato da tutta questa mole di impegno e si manifesta ad esempio attraverso l'espulsione (vomito) o l'aggressività (urla, distruzione) o la difesa (fuga) non ha senso che sia affrontata con la coercizione a ingoiare l'alimento espulso o rifiutato.

L'esigenza di "liminare il sintomo" del disagio è una peculiarità tutta sociale.

Il buon terapeuta, ma anche il buon genitore, sa bene che il sintomo è il nostro miglior alleato. E proprio NON agendo su di esso ma a monte di esso, la sua estinzione rappresenta la conferma di un percorso organizzato bene.

É come se la società non tollerasse la forma del disagio, decidendo invece di non prendere in considerazione il fatto che il disagio esista nel vissuto interiore della persona.

Questa guerra contro il sintomo è una guerra contro la persona, contro i dritti umani, contro i principi volti al raggiungimento del benessere e della tutela di ognuno.

Come organizzare un percorso di apprendimento della gestione della sensorialità nell'autismo?

Tutto quello che una persona neurotipica apprende per impliciti può essere spiegato ad un autistico esplicitandone i passaggi. Una volta ho assistito ad una scena interessante. Durante un evento sociale (cena) una bambina neuro tipica di circa quattro anni ha fatto per la prima volta esperienza consapevole del movimento cardiaco. Dopo una intensa corsa ha avuto una forte tachicardia (fisiologica) e, spaventata, è corsa dai genitori urlando perché "qualcosa le si muoveva dentro il petto".

La bambina era terrorizzata prossima al pianto. Guardava intensamente i volti dei presenti, cercava con lo sguardo segnali per poter decifrare quella esperienza e capii che li cercava nei volti delle altre persone presenti prima di decidersi a rompere nel pianto o rasserenarsi.

Con mia grande sorpresa nessuno le diede una spiegazione tecnica, tutti sorridevano amabilmente, qualcuno scoppiò a ridere, altri la ignorarono, altri ancora commentarono su quanto fosse tenera e graziosa.

Il messaggio che doveva arrivare era arrivato: era tutto normale e lei era molto apprezzata. La bimbetta si tranquillizzò immediatamente.

Fosse capitata la stessa cosa ad un bambino autistico sarebbe entrato in pieno panico clinico. Si sarebbe ritenuto circondato da pazzi dementi che non gli davano risposte. Quello che alla bambina tipica era necessario era stato fornito. A lei serviva capire se quella sensazione, quell'elemento che aveva varcato prepotentemente la soglia del sistema sensoriale innescando in lei una risposta di consapevolezza (qualcosa che si muove nel corpo) era qualcosa da temere o no. I segnali non verbali dei presenti le hanno inviato informazioni per lei importanti. Tali informazioni erano indicatori di lettura utili per decodificare l'evento. Si trattava di un dato non preoccupante e lei era solidamente inserita all'interno della rete di tutela e alleanze. Approvata. Il comportamento di ricerca con lo sguardo, che nasce da esigenze neurologiche, arrivava agli altri come segnale accattivante e, di rimando, veniva rinforzato, strutturando di fatto le basi di amabile competenza comunicativa tipica che la bambina ha poi sviluppato nel tempo.

L'informazione, arrivata molto dopo, sul fatto che il cuore si muove sempre e a volte lo fa "più forte" è stata fornita ed è stata immagazzinata con grande superficialità, senza approfondimenti.

Per un bambino autistico lo scenario sarebbe stato completamente diverso e le informazioni su cuore e battito cardiaco, incluse le variabili fisiologiche e patologiche della reazione sotto sforzo sarebbero state oggetto di indagine approfondita. Con ogni probabilità le urla sarebbero state molto meno tenere e l'espressione del volto molto meno accattivante, soprattutto perché NON MODELLANDOSI SUL FEEDBACK sociale, non sarebbe mai stata in sincro con l'insieme di comunicazioni degli altri. Mediamente un bambino autistico che si spaventa a causa di una tachicardia e che è ha competenze di metacomunicazione viene più o meno gentilmente messo a tacere. Spesso ottiene risposte che minimizzano o addirittura negano quello che lui sente e a volte anche punito perché "esagera". Se i presenti si impegnano a organizzare una risposta questa è mediamente organizzata come per la bambina dell'esempio, quindi utilizzando canali fruibili solo a sistemi percettivi neuro tipici, di conseguenza l'assenza o la percepita inadeguatezza di risposta non verbale risulta frustrante per la rete degli interlocutori che, per tutela, arriva a formulare pensieri come "è davvero impossibile", "prego perché guarisca dall'autismo", "non è possibile vivere così", spesso formulati a voce alta.

Le spiegazioni tecniche, laddove fornite, spesso sono imprecise e fonte di ulteriore confusione e a volte di incremento della risposta di panico.

L'apprendimento delle autonomie e della gestione degli input sensoriali va strutturato tenendo a mente criteri del tutto diversi, esplicitando tutto l'esplicitabile, fornendo risposte trasparenti, coerenti e comprensibili, fornendo dati collocati in modo ragionevole, possibilmente attraverso veicolazioni di tipo visivo (schemi, modelli, tabelle). Sarà cura dell'educatore dosare le informazioni in modo che l'attenzione non degeneri determinando pensieri ansiogeni a cascata.

La risposta comportamentale nell'autismo va sempre pensata come autonoma rispetto al feedback sociale e su questo aspetto è di fondamentale importanza che larga parte dell'intervento sia dedicata alla formazione della rete, che si aspetta modellamenti in base a segnali impliciti che non possono essere decodificati.

É importante collocare correttamente i segnali che arrivano dal corpo, questo ne permette una elaborazione funzionale e riduce enormemente le potenziali reazioni emotive sgradevoli associate ad ogni risposta sensoriale. Una emozione sgradevole intensa amplifica la percezione sensoriale e genera conseguenze a cascata. Questo accade perché lo stato di ansia e panico allertano e amplificano ulteriormente la sensorialità, generando quindi circoli viziosi (loop).

Questo percorso diventa ancora più prezioso quando, come accade da sempre nella storia, i bambini autistici diventano adulti autistici e poi anche anziani autistici a volerla dire tutta. Quale ruolo ha una sensorialità organizzata in modo da innescare reazioni sgradevoli intense allo sfioramento e invece un margine alto di tolleranza al dolore fisico sulla vita e le scelte sessuali? Il ruolo della consapevolezza di sé diventa strumento di emancipazione e tutela insostituibile perché la sessualità è un ambito che per definizione andrebbe vissuto in completa autonomia.

Un aspetto di fondamentale importanza nella comprensione della neuro diversità, sia essa presente come autismo clinicamente definibile tale, funzionale o disfunzionale, o solo come manifestazione di alcuni tratti in un sistema misto, è che bisogna imparare ad essere buoni autistici prima di imparare ad adattarsi ai criteri di una cultura diversa. É necessario imparare come funzioniamo e perché funzioniamo così. E proprio perché pur avendo una struttura comune ogni manifestazione di neuro diversità è diversa dall'altra questo non può essere un apprendimento di risposte standard. Non è sempre solo importante infatti sapere cosa di preciso genera una eventuale reazione problematica (manifestazione di disagio), anche perché non si può prevedere tutto. Quello che è importante allora è capire però che anche se non sappiamo cosa genera la manifestazione di disagio e anche se la persona stessa che sta vivendo quel preciso disagio non sa cosa lo ha generato, si tratta del segnale di qualcosa di reale e come tale va preso in considerazione.

Comportamento disfunzionale:	Pianto, urla, stereotipia, fuga, attacco di panico
Pregiudizio/scelta arbitraria della "Risposta"	Se non ha tutto come vuole lei casca il mondo, deve imparare a stare al mondo, vuole comandare
Conseguenza probabile	Bisogna impedire che faccia così (strategia comportamentale orientata sulla priorità di estingue il segnale di disagio)
Ventaglio di domande corretto:	Cosa ci sarà nell'ambiente che la disturba? Quanto sarà stanca/sovraccarica? È successo altre volte che si sia comportata così? Come è stata gestita la cosa in passato? Cosa potrebbe aiutarla a sentirsi meglio? Cosa evita o aggredisce mentre si scarica? Come potrei agganciarla ad altro in modo corretto senza farle associare l'argomento che ama a questo momento difficile? Come potrei, una volta ritrovata la calma, tornare rispettosamente sull'argomento per ragionare insieme sull'accaduto? Cosa la calma in generale? Cosa le piace? Come mi possono essere utili le griglie di osservazione preparate in precedenza/usate fino ad ora? Ecc....
Conseguenze probabili	Comprensione della dinamica, prevenzione del sovraccarico futuro, gestione di eventuali reazioni simili anche alle stesse condizioni in futuro, tutela della persona, lavoro rispettoso basato sull'evoluzione, apprendimento e il rispetto

Non importa se non abbiamo capito tutto e non è tutto a fuoco, avere chiaro in mente che ci sono cose nella realtà che arrivano al sistema sensoriale autistico e non sono nemmeno immaginabili per quello tipico è già un importante passo. Mai come nell'educazione più delle risposte sono importanti le domande.

Esempio:

Per poterlo fare bisogna poter avere a disposizione dati chiari. La sensorialità autistica non è malata o disfunzionale, è esattamente come dovrebbe essere. Va conosciuta, rispettata, gestita e soprattutto riconosciuta. La sensorialità autistica va presa come modello per gli interventi di sostegno e terapia quando l'autismo si presenta in modo disfunzionale. Pensare al sistema tipico come riferimento e quindi come obiettivo è un errore gravissimo, pensare al sistema autistico come una disfunzione è un errore altrettanto grave.

Alcune dinamiche del sistema di ingresso degli stimoli sono talmente diverse da risultare addirittura probabilmente generate da apparati conformati in maniera diversa in modo visibile.

Uno studio della Unversità di Pittsbourgh (Autism Res. 2013 Oct;6(5):344-53. doi: 10.1002/aur.1297. Epub 2013 Jul 3, Quantification of the stapedial reflex reveals delayed responses in autism., Lukose R1, Brown K, Barber CM, Kulesza RJ Jr.) ha rilevato che la risposta agli stimoli sonori genera reazioni diverse negli autistici anche a causa di una conformazione della muscolatura dell'orecchio interno che è organizzata in modo specifico. Questa osservazione, ha fatto emergere un dato così particolare che è stato addirittura proposto come criterio diagnostico. La proposta è al vaglio perché affermare che un dato che ha rilevanza statistica possa essere un indicatore di appartenenza clinica al quadro di riferimento per tutta la popolazione è qualcosa che va verificato. Altri lavori hanno evidenziato uteriori differenze neurologica nella risposta agli stimoli sonori (Children with autism spectrum disorder have reduced otoacoustic emissions at the 1 kHz mid-frequency region,Bennetto L1, Keith JM1, Allen PD2, Luebke AE3). Appare però interessante che i ricercatori si siano posti il problema e appare interessante anche il fatto che, a prescindere da cosa abbia eventualmente generato cosa, è stata rilevata in un campione significativo della popolazione una particolarità anatomica indubbiamente associata al sistema sensoriale.

Secondo lo studio l'impatto già all'arrivo del suono, nel sistema autistico, è diverso fisicamente e macroscopicamente non solo per una più raffinata soglia di reattività e quindi forma e funzionamento dei neuroni ma proprio anche, almeno nei casi osservati, per una conformazione anatomica diversa su scala maggiore.

Ritengo importante considerare questo studio perché anche se ulteriori approfondimenti dovessero rilevare che non tutta la popolazione autistica presenta questa caratteristica, il fatto stesso che all'interno della popolazione alcune persone possano manifestarla dovrebbe far riflettere a lungo prima di pianificare qualsiasi approccio. Molti interventi ancora oggi, anche mentre io sto scrivendo, sono strutturati su una comunicazione violenta in cui, per restare in tema, le urla costituiscono uno strumento di veicolazione d'eccellenza.

Resto sempre stupita da come, nella ricerca e in particolare per quello che riguarda l'autismo, dati come questo siano disponibili per tutti ma trattati come se non esistessero. Un esempio tra tutti è quello della fantomatica proporzione di quattro a uno che sarebbe, malgrado le evidenze, la stima di manifestazione in base al genere della condizione. Più femmine funzionali ricevono la diagnosi (Attwood, 2011) più questo dato, che dovrebbe scomparire per essere magari invertito, continua ad imperversare in articoli, libri e corsi di formazione. Allo stesso illogico modo si continua ad urlare agli autistici malgrado sia a disposizione di tutti l'insieme di informazioni che spiegano perché non ha senso farlo.

Ci sono bambini in condizione di autismo anche particolarmente invalidante, i nostri bambini, i bambini di tutti, che vengono aggrediti da urla per ore ogni giorno. "Altrimenti non risponde, non sente, non ascolta" è la risposta media che gli operatori forniscono in merito. Viene da domandarsi: i genitori di questi bambini dove sono? Non amano questi piccoli? In base alla mia esperienza e alle innumerevoli condivise indirettamente devo purtroppo rispondere che credo sia così, credo che nemmeno li vedano e continuino a percepirli come faceva la mamma de "Il figlio cambiato" di pirandelliana memoria. Bambini percepiti come potenzialmente perfetti intrappolati da un mostro orrendo che sarebbe l'autismo, che impedisce loro di essere come dovrebbero essere.

Il problema enorme è che questi bambini potenzialmente perfetti lo sono davvero nella maggior parte dei casi. Non hanno patologie e molti dei destinatari di questi interventi incredibili oggi non presentano nemmeno caratteristiche di autismo tali da determinare in partenza una condizione di severità. Molti dei bambini che vengono vessati da ore e ore di sedute abusanti in cui si urla loro, si impedisce loro di alzarsi, di scaricare emozioni, di comunicarle per quello che sono, di comprenderle e di imparare a gestirle, sono potenzialmente dei perfetti bambini autistici che piuttosto che essere aiutati a apprendere come sviluppare il loro potenziale autistico e poi, parallelamente, apprendere in misura ragionevole la seconda lingua della cultura tipica, vengono vessati e spezzati. Costretti a sedute di ore e ore di addestramento allo sguardo diretto e di "chatting". Il Chatting è una pratica che sarebbe nella teoria mirata all'innesco della dinamica di comprensione e uso della comunicazione verbale come strumento per comunicare su un piano non verbale e cura dell'alleanza. Il destinatario, seduto a tavolino, fa "pratica" di conversazione secondo i criteri tipici ma senza cervello tipico, senza approfondire nessun argomento, ponendo enfasi sugli aspetti cosiddetti empatici ed esasperando la mimica.

In pratica fare quello che l'evoluzione ha impiegato milioni di anni per modellare nel cervello neuro tipico, organizzato in modo specifico proprio per questo: riempire i "buchi" derivanti da un sistema sensoriale poco reattivo con la competenza di riempimento, sulla quale poi strutturare una serie di vincoli nella macro organismo gruppo per ottimizzare l'insieme delle percezioni condivise dai membri affidabili.

Il sistema autistico è organizzato per funzionale in modo diametralmente opposto. La reattività sensoriale non è un errore e lo stadio diverso di maturazione dei neuroni del tronco non è un "arresto di sviluppo", la soglia così facilmente saturabile di attivazione non è un segno di disfunzione. Sono sistemi che permettono l'ingresso dei dati così come servono alla specie. L'ambiente non è fatto solo di scambi sociali tipici e convenevoli, per arrivare a poter utilizzare quello che ha realizzato l'uomo ha avuto necessità di strutturarlo, e per poterlo fare in ogni gruppo è stato determinante qualcuno che avesse le caratteristiche dell'autismo (Grandin).

La ricerca di Courchesne (A failure of left temporal cortex to specialize for language is an early emerging and fundamental property of autism, Lisa T. Eyler Karen Pierce Eric Courchesne), studio interessante sulla risposta del cervello alla stimolazione vocale, ci offre altri interessanti spunti di riflessione e indagine, la possibilità di comprendere cosa succede nel cervello autistico e neuro tipico a confronto se esposti alo stimolo verbale. Cosa è lo stimolo verbale? Lo stimolo verbale è un suono ma NON è solo un suono, è un suono che trasporta una comunicazione complessa e intenzionale. Siamo talmente abituati all'uso della parola che ci appare come scontata. Così come appare la decodifica del codice scritto ai normolessici. In realtà i suoni articolati localmente, senza alcune particolari competenze neurologiche, non sono distinguibili da tutti gli altri. Nel nostro cervello e in quello di alcuni altri animali, ci sono dei neuroni specializzati in questo: individuare i suoni che, tra tutti, presentano delle caratteristiche di regolarità tali da essere considerati un vero e proprio codice.

Lo studio dimostra come, nel campione di bambini in età preverbale, la risposta di attivazione neurologica sia già completamente diversa nei due sistemi anche quando tutti e due, funzionanti, individuano questo codice. Il sistema neurotipico si attiva amplificando l'attività nelle aree note dell'emisfero sinistro. Il sistema autistico funzionale estende la risposta di attivazione a tutta l'area occipitale, specializzata nel visivo. Il dato ulteriormente interessante dello studio è rappresentato dal campione di bambini con autismo invalidante (sarebbe interessante anche la possibilità di osservazione dei bambini tipici in condizione patologica psicotica ma l'esordio è lontano dalla prima infanzia e al momento questa osservazione non è possibile). I bambini con autismo severo esposti allo stimolo verbale non reagiscono attivando neuroni nelle aree della decodifica della parola.

Poiché un percorso rispettoso e corretto permette l'acquisizione di un minimo di linguaggio in uscita e della comprensione di quello in entrata, è plausibile ipotizzare che nei casi di manifestazioni di autismo profondo il sensoriale sia talmente reattivo da determinare un iniziale confusione impedendo l'aggancio a quegli stimoli sonori che sono segnali, cioè le parole.

Se il cervello di un bambino è organizzato su base autistica e presenta caratteristiche disfunzionali profonde come ad esempio una recettività disfunzionale sensoriale, il bambino in questione sarà già in partenza subissato da tanti stimoli uditivi da esserne disorientato e quasi schiacciato. L'ambiente ideale per favorire lo sviluppo della competenza di orientamento in questa enorme mole di dati enormi è un ambiente in cui la sovraesposizione uditiva sia controllata e ridotta e in cui gli stimoli verbali siano sostenuti da indicatori chiari ed inequivocabili, presentati con coerenza, associati a simboli a volte concreti. Si immagini l'effetto che una organizzazione inversa possa ottenere. Si immagini un bambino schiacciato da suoni di cui percepisce i singoli aspetti come elementi indipendenti e da sistemizzare, tutti sullo stesso piano, il suono di un motore, quello emesso dall'interlocutore, il ronzio del sistema di elettricità che viaggia dentro le mura, il fruscio dei tessuti che si sfregano ad

Questo è apprendimento?	Certo.
Funziona?	Tecnicamente in contesto limitatissimo non si può negare che un minimo di apprendimento risulta essere ottenuto. Rinforzo negativo: smetto di urlare se fai quello che voglio, se emetti il comportamento desiderato
Può essere considerato funzionale in termini di generalizzazione degli apprendimenti e acquisizione di competenze fruibili in altri ambiti e che favoriscano l'autonomia seppure in misura ragionevolmente proporzionale al livello di competenze e potenziale cognitivo?	Assolutamente no
Si tratta di percorsi che hanno spessore etico?	Assolutamente no
Esistono alternative funzionali?	Si
Come si potrebbe organizzare un percorso alternativo?	*L'ambiente ideale per favorire lo sviluppo della competenza di orientamento in questa enorme mole di dati enormi che è l'insieme dei suoni che arrivano al cervello passando dal sensorio ipereccitabile di una condizione simile è un ambiente in cui la sovraesposizione uditiva sia controllata e ridotta e in cui gli stimoli verbali siano sostenuti da indicatori chiari ed inequivocabili, presentati con coerenza, e ripetuti con assoluta coerenza molte volte, associati a simboli a volte concreti e ad esperienze concrete. Il sistema di rinforzi deve essere basato sulla gratificazione e quindi sulla percezione di vantaggio maggiore, non di svantaggio minore. La coerenza deve essere mantenuta in contesti diversi*

ogni movimento, il rumore del battito del proprio cuore e dell'aria che soffia dentro il naso e la trachea, che debba poi subire anche ore di urla. Certo, l'elemento costante e coerente individuabile è il volume. Quando il suono arriva a fare male va associato ad un significato perché individuando il significato il suono spaventoso finisce.

Programma di apprendimento della competenza verbale di Filippo:

Mio figlio Filippo, orgogliosamente autistico, ha manifestato precocemente le caratteristiche dell'autismo. A quattro mesi ha seguito un percorso di fisioterapia infantile per il recupero di un ritardo nella motricità fine. Stimoli correttamente presentati sotto la guida di una professionista di grande competenza la Dott.ssa Francesca Gheduzzi. L'intervento precocissimo ha avuto un ruolo importante e il bambino che ancora presentava il grasping a quattro mesi oggi suona il violino. Gli esercizi a terra lo hanno preservato da danni alla testa durante le innumerevoli cadute che hanno costellato il suo sviluppo motorio. Dai 13 mesi è stato in osservazione per l'autismo presso lo studio Caretto e destinatario con me di un intervento di sviluppo dell'apprendimento verbale mirato. Il ruolo della sua percezione sensoriale in questo percorso è stato centrale.

Per tre anni ho verbalizzato il verbalizzabile, esplicitando dinamiche, descrizioni e scenari e ho presentato modelli di scambio verbale costanti e coerenti. Descrivevo quello che facevamo, lasciando spazio e tempo alle pause e facendo attenzione alla coerenza durante gli abbinamenti. Verbalizzavo la domanda e il ventaglio di risposte, traducevo i primi segnali di risposta offrendo la versione verbale e gratificavo costantemente ogni progresso.

Siamo stati soli per i primi tre anni. Non ci mancava cibo, riscaldamento e nessuna comodità, ma la sentenza di morte sociale che abbiamo scontato è stata severissima. L'aspetto vantaggioso di questo esilio è stato che non abbiamo sperimentato nessun tipo di interferenza e la coerenza educativa è stata perfetta, garantita proprio dall'isolamento sociale. Non ha mai avuto nonne o zie o conoscenti che si riferissero a foto di gatti chiamandole "gatti", non è mai stato esposto a "modi di dire" che non fossero stati preventivamente introdotti o a favole che non fossero state preventivamente spiegate nel loro modo di spaziare nel fantastico. Anni di modelli di comunicazione verbale puntuale e struttura visualizzata di regole e riferimenti, e nessuna interferenza. Sono stati gli anni perfetti della "prigionia di Giuseppe" per me. Il ritardo nello sviluppo del linguaggio è stato ampiamente recuperato, oggi il suo punteggio al test di competenza verbale risulta essere superiore a 120 in una media di 97.

Non ha mai avuto esperienza del fatto che una mia indicazione potesse essere messa in dubbio o disconfermata. Nessuno a fare pressione perché parlava male e ha pronunciato la prima frase completa ben più tardi rispetto ai pari. Nessuno a fare pressione perché ha avuto necessità del ciuccio a lungo, nessuno a sindacare quando regolarmente, per alcuni giorni, gradiva assumere solo latte e yogurt. Una guida serena, rispettosa, attenta, monitorata costantemente da professionisti d'eccellenza, ne ha fatto il gioiello che è oggi.

Troppo spesso purtroppo l'impatto della diagnosi genera invece resistenza e rifiuto. L'effetto della percezione del genitore e della rete tutta è fondamentale per la percezione ego sintonica, il senso di identità di sé, di appartenenza. E tutto questo ha un ruolo in ognuno dei processi di apprendimento. Non si può pensare all'apprendimento come al caricamento di singoli files in un computer.

Poiché nessun uomo è una macchina e poiché nessun comportamento è a sé stante ma inserito in un flusso dinamico in continua evoluzione, a tutto questo insieme di reazioni neurologiche legate al primo step dell'interazione soggetto/ambiente va necessariamente associato tutto quello che succede nel nostro cervello sul piano emotivo. Che succede, sul piano della risposta emotiva, mentre interagiamo con l'ambiente?

5. Il ruolo delle emozioni: cosa sono, come funzionano, a cosa servono

Una volta superata la barriera sensoriale, oltrepassate le porte di accesso, gli elementi che dall'ambiente arrivano al sistema nervoso centrale cosa fanno?

La prima cosa che fanno è quella di innescare una risposta. La prima risposta è di tipo emotivo e in base a questa risposta, come fosse la scelta di una formica regina che destina le figlie ai rispettivi ruoli, lo specchio o l'ombra, direbbe Platone, di quello che arriva dall'ambiente viene sistemato in reti di immagazzinamento.

Nel sedicesimo secolo, potendo osservare solo corpi senza vita e vincolati dai limiti dagli strumenti che si avevano a disposizione, furono individuate nel cervello due aree dalla forma particolare, di indecifrabile funzione. Proprio perché era all'epoca impossibile poter anche solo ipotizzare cosa fosse questi organi dalla forma specifica infilati bilateralmente nei due emisferi, gli antichi studiosi scelsero, con beneficio di inventario, di dare loro un nome che avesse senso, e poiché l'unico senso che riuscirono a trovare fu proprio quello della forma, che ricordava una mandorla, il nome di quelle che sono, oggi lo sappiamo, tra le più importanti aree di tutto il sistema neurologico, ricorda proprio le mandorle. Si chiamano Amigdale, che in latino vuol dire appunto mandorle.

I neuroni che costituiscono le nostre amigdale sono tra i più antichi e attivi del nostro cervello. Il loro compito è quello di determinare la risposta psicofisica dell'organismo intero ad ogni stimolazione che superi una specifica soglia di attivazione ulteriore dopo quella sensoriale. I neuroni delle amigdale si attivano e a loro volta attivano funzioni mentali, tra le quali quella del pensiero, e funzioni corporali propriamente dette, ad esempio endocrine. In pratica determinano la risposta emotiva.

Le emozioni infatti sono quelle reazioni che coinvolgono insieme mente e corpo quando è esposto alla presenza di uno stimolo. Svolgono una funzione inestimabile.

Alla fine degli anni cinquanta del secolo scorso Wolpe osservò che quando siamo impegnati a vivere una esperienza emotiva intensa, l'emozione in questione monopolizza la risposta. Questa caratteristica è oggi nota con il nome di Teoria della incompatibilità delle emozioni. Tutti abbiamo provato l'esperienza di emozioni ambivalenti ma per poter coesistere contemporaneamente nello stesso sistema le risposte emotive devono essere espresse in forma attenuata. Oggi sappiamo che questo accade perché ogni diversa emozione è generata sempre dagli stessi neuroni. Variando le combinazioni le cellule che costituiscono questi affascinanti settori del nostro cervello determinano l'esistenza di quella che noi percepiamo come gioia, o rabbia o paura.

Poiché il pensiero stesso, che è costituito da combinazioni di molecole e stimoli elettrici concreti e reali e non astratti come si pensava un tempo, può rappresentare uno stimolo a cui la risposta emotiva reagisce attivandosi, il ruolo del pensiero nella gestione delle risposte emotive è molto importante.

Come funziona questo scambio?

Lo scambio di segnali e il conseguente adattamento che genera quindi elaborazioni nuove è reciproco tra i neuroni che regolano principalmente l'attività emotiva e quelli che organizzano prevalentemente il pensiero logico/razionale. Vi sono emozioni, cioè reazioni all'ambiente mediate dal solo filtro sensoriale, che influenzano in modo importante i processi di pensiero, e di conseguenza il comportamento che ne deriva. Vi sono anche pensieri che influenzano e modellano la risposta emotiva. La dinamica base è facilmente intuibile: esposto ad uno stimolo "X" l'organismo emette una risposta emotiva ossia reagisce sia fisicamente che mentalmente. A seconda del tipo di reazione, sia essa gradevole o sgradevole, e sempre orientandosi verso l'avvicinamento più probabile al vantaggio percepito, o l'allontanamento più probabile allo svantaggio percepito, proprio sulla base di quella impressione emotiva i lobi frontali elaborano ragionamenti, più o meno complessi, che organizzano il piano di consapevolezza più o meno emergente rispetto all'interazione con l'ambiente.

Esempio:

Gli odori presenti in un ambiente in cui l'erba è stata da poco tagliata arrivano attraverso il filtro sensoriale al nostro cervello.

La risposta emotiva gradevole, nel caso in cui lo stimolo ne inneschi una gradevole, sarà di emozioni di serenità e piacere associate a risposte corporali di rilassatezza (muscoli allentati, arti divaricati, testa reclinata, battito cardiaco rallentato, respiro ampio, fluida peristalsi, e così via).

La conseguenza logico/razionale sarà la struttura di pensieri organizzati in modo da favorire il ripetersi dell'esperienza come ad esempio "L'odore dell'erba appena tagliata è buonissimo", "Stare seduti al sole immersi negli odori di campo è una cosa che voglio fare, che mi fa stare bene", e così via.

Alcuni di questi pensieri saranno automatici, non sempre o non del tutto consapevoli o accessibili alla coscienza, ma ognuno di essi ha un ruolo nella dinamica intera.

I pensieri generati dalle emozioni rinforzano le emozioni stesse, tornando come in un rimbalzo e confermandole.

L'esito di questo complesso sistema di risposta ambientale è il comportamento. Alcuni aspetti del comportamento sono incontrollabili, e sono quelli della risposta emotiva immediata. I movimenti volontari e secondari all'impatto emotivo al contrario, sono più complesso e riguardano anche, in modo strutturato, l'insieme degli scambi sociali.

Se, in uno scenario inverso, l'odore dell'esempio arrivasse superando il filtro sensoriale e generasse una risposta sgradevole?

Uno stimolo universalmente noto come gradevole alla maggior parte della popolazione potrebbe risultare sgradevole per alcuni. L'odore dell'erba appena tagliata potrebbe innescare una risposta negativa. In quel caso, utilizzando lo schema in modo da sottrarsi allo stimolo piuttosto che immergervisi, la dinamica sarebbe più o meno la seguente:

La risposta emotiva sgradevole, nel caso in cui lo stimolo ne inneschi una sgradevole, sarà di emozioni di disagio e allarme associate a risposte corporali di attivazione per combattimento o fuga (muscoli tesi, arti raccolti, battito cardiaco aumentato, respiro rapido e superficiale da cui deriva una più scarsa ossigenazione, stimoli e riflessi atti a svuotare le viscere immediatamente-riflesso che amplifica il margine di probabilità di successo nella risposta di lotta/fuga perché ha il triplice vantaggio di disimpegnare l'organismo dalla eventuale digestione, alleggerire il peso del corpo e offrire all'eventuale predatore qualcosa di cui accontentarsi o con cui distrarsi e rallentare, e così via).

La conseguenza logico/razionale sarà la struttura di pensieri organizzati in modo da favorire la probabilità che l'esperienza NON si ripeta, come ad esempio "L'odore dell'erba appena tagliata è disgustoso", "Stare seduti al sole immersi negli odori di campo è una cosa che NON voglio fare, che mi fa stare male e sentire in pericolo", e così via.

Alcuni di questi pensieri saranno automatici, non sempre o non del tutto consapevoli o accessibili alla coscienza, ma ognuno di essi ha un ruolo nella dinamica intera. La risposta emotiva a quel particolare stimolo potrebbe essere puramente sensoriale (la molecola in questione innesca biochimica mente reazioni sgradevoli) oppure è associata ad una esperienza negativa come uno spavento, una sorpresa che ha quindi fissato una risposta di panico, oppure potrebbe essere la conseguenza di un pensiero antecedente come la paura dei serpenti.

Anche in questo caso ovviamente i pensieri generati dalle emozioni rinforzano le emozioni stesse, tornando come in un rimbalzo e confermandole e viceversa le emozioni generate da pensieri e ragionamenti tornano indietro rinforzandoli.

L'esito di questo complesso sistema di risposta ambientale sempre è il comportamento. Alcuni aspetti del comportamento sono incontrollabili, e sono quelli della risposta emotiva immediata. I movimenti volontari e secondari all'impatto emotivo al contrario, sono più complessi e riguardano anche, in modo strutturato, l'insieme degli scambi sociali.

Questo sistema di organizzazione dell'interazione con l'ambiente è uguale per tutti.

Quali sono allora le differenze tra autismi e condizioni tipiche?

Una dinamica così complessa meriterebbe un approfondito ragionamento per ogni passaggio, volendo però sintetizzare al massimo si potrebbe affermare che vi sono alcune differenze che emergono rispetto alle altre e che poiché hanno un ruolo decisivo nella percezione e nei processi di Apprendimento e adattamento vanno tenute in adeguata considerazione.

Evidenzierei tre aspetti principali: Il ruolo della risposta di allarme nell'aggancio motivazionale, il modellamento sul feedback e il ruolo di emozioni ego sintoniche/ego distoniche nello stress e quindi nella valutazione del benessere dei processi di apprendimento/adattamento. Ve ne sono poi altri innumerevoli, associati alle emozioni o sovrapposti sia al piano emotivo che sensoriale o emotivo e razionale, infine altre variabili come la competenza cognitiva, la profondità e la funzionalità delle diverse condizioni, il genere biologico di appartenenza e chiaramente la qualità degli stimoli presenti in ambiente e delle dinamiche relazionali, che andrebbero sempre a comunque tenuti in considerazione.

Qual è il ruolo della risposta di allarme nell'aggancio motivazionale?

I segnali predittori di qualunque evento o dinamica ci aiutano ad adattarci anticipatamente e permettono una gestione adeguata del nuovo stimolo/nuovo ambiente. Funzionano per così dire come dei vaccini: permettono di sviluppare strumenti per la gestione di elementi destabilizzanti (precipitanti) prima ancora di averli incontrati. Essere esposti a stimoli improvvisi e non annunciati costringe il sistema ad un adattamento forzato e improvviso. Questo, in misura diversa per le diverse situazioni, è vero per ogni essere senziente. L'adattamento forzato e ripetuto genera effetti devastanti, proprio come lo farebbe l'esposizione continua ad agenti patogeni diversi.

Quando un sistema è esposto ad uno stimolo inatteso la risposta di adattamento è violenta e trae risorse "succhiandole" (assorbendole) in modo repentino da altre attività.

Lungo il continuum (visualizzazione grafica o visiva senza soluzione di continuità) della distribuzione delle diverse condizioni neurologiche nella popolazione, da neuro tipica ad autistica passando per mista, variando in corrispondenza della posizione anche la raffinatezza del sensorio (soglia di attivazione dei recettori) varia in modo direttamente proporzionale anche il numero e la "forza" (pressione) degli stimoli che passano il filtro sensoriale. A questo dato si aggiunga che aumenta anche il numero dei neuroni specializzati nella risposta emotiva. Questo sistema, che è inversamente proporzionale alla dipendenza/risorsa determinata dal gruppo come organismo sociale complesso, si pone biologicamente come strategie funzionale: via via che la specializzazione (iperspecializzazione, cfr Simon Baron Cohen) è manifesta diminuisce la competenza di usufruire dei segnali dei pari e aumento la competenza di tutela autonoma. Un fenomeno simile, come correttamente osservato da Baron Cohen, avviene in modo più attenuato, nella distribuzione delle competenze associate al genere, quindi allo stadio precedente della specializzazione.

Per capire meglio come funziona questo meccanismo useremo l'esempio del comportamento di due specie diverse, una estremamente sociale, l'altra più indipendente. Animali di branco come le gazzelle utilizzano segnali sociali moto efficaci per segnalare potenziali pericoli. Non è necessario che ogni membro del gruppo sia costantemente in allarme in ugual misura, ognuno può preoccuparsi del suo settore e stare relativamente tranquillo per le parti di ambiente che non controlla direttamente, perché basterà l'allarme di uno soltanto a determinare una risposta collettiva. Un solo animale percepisce un potenziale rischio e reagisce segnalandolo. Tutti gli altri, pur non avendo preso contatto con lo stesso stimolo, adattano la risposta al segnale, esattamente come se lo avessero sentito senza mediazioni. Il segnale, che altro non è che la risposta adattiva ad uno stimolo presente in ambiente, ha, nella percezione dei pari, lo stesso effetto dello stimolo stesso.

Questa dinamica è del tutto simile, anche se estremamente più complessa, nel cervello umano organizzato in modo tipico. L'effetto che l'ambiente ha sugli altri è considerato esso stesso elemento ambientale e come tale a sua volta elaborato. Questo vale sia in senso funzionale che disfunzionale, infatti si può utilizzare, attraverso la manipolazione in malafede, per distorcere la percezione altrui.

Una specie organizzata in modo meno sociale, al contrario, come potrebbe essere il leopardo delle nevi o la lince può contare solo sulle percezioni del singolo individuo. In questo caso risponderà con allarme e quindi fuga, freezing o attacco (scarico sull'aggressività) ad ogni singolo cambiamento, per poi adattarsi in un secondo momento, dopo aver appurato che l'allarme era eventualmente falso.

Il sistema autistico è organizzato in modo da funzionare similmente: la prima risposta ad uno stimolo intenso non annunciato è l'allarme. A prescindere dalla percezione di vantaggio o svantaggio associata alla qualità dello stimolo in questione. Maggior numero di neuroni nelle amigdale, stadio di maturazione diverso dei neuroni del tronco encefalico che determinano una soglia di attivazione più bassa, maggiori fasci di materia bianca che attivano tutto il sistema insieme come si accendesse l'albero di natale a Time Square a mezzanotte illuminando la piazza a giorno, coinvolgimento dell'area occipitale che genera prevalentemente elaborazioni di tipo visivo e quindi stimoli che arrivano "concreti" e vividi alle amigdale sono gli elementi che contribuiscono a questo tipo di risposta.

Nel sociale la struttura della comunicazione basata quasi prevalentemente su criteri della cultura tipica pone il sistema autistico nella condizione di non poter avere riferimenti. Tutti i segnali indicatori di un eventuale cambiamento non riescono a passare il filtro percettivo, alcuni vengono tecnicamente letti ma poi sistemizzati e non elaborati come farebbe l'emittente del messaggio. Questo genera continui fraintendimenti. Ma soprattutto determina situazioni sociali, neurotipicamente organizzate, in cui la presenza di segnali, anche in misura numerosa, ma veicolati in modo implicito o non verbale, impedisce al cervello autistico di adattarsi all'esposizione allo stimolo, che avviene quindi in modo improvviso e imprevedibile. Lo stimolo in questione non è mai "Uno" ma sempre una moltitudine.

Quindi avremo: reazione forzata e immediata senza preparazione ad un moltitudine di elementi che arrivano superando le porte sensoriali sensibilissime e attivando le risposte dei neuroni del tronco encefalico, le risposte dei numerosissimi neuroni che costituiscono le amigdale e l'attivazione di tutto il sistema insieme attraverso l'utilizzo dei fasci di materia bianca, che coinvolgono immediatamente anche le aree che organizzano l'elaborazione percettiva in modo visivo generando ulteriori elementi da elaborare e che innescano altre risposte emotive.

Non è finita qui: mediamente gli autistici nel momento storico attuale non ricevono una educazione adeguata e non ricevono quindi strumenti per poter conoscere, individuare e gestire le proprie risposte emotive. Tutto quanto eccitato da una "sorpresa", a prescindere dal contenuto della "sorpresa" determina una sorta di scatole cinesi di reazioni che ne generano altre proprio perché la non conoscenza impedisce l'orientamento. Per concludere a tutto questo insieme si aggiunge il carico medio sociale di disconferma, critica, spesso anche punizione conseguente alla manifestazione di disagio.

In questo quadro negli interventi medi pensati e, purtroppo, realizzati per l'autismo, si pretende un adattamento, un apprendimento. Tra l'altro inteso come acquisizione di strumenti atti a "sconfiggere", estinguere o almeno mascherare i segni dell'autismo.

Il rifiuto della condizione, identità e percezione di sé

Il rifiuto da parte della società della condizione neuro diversa in ogni sua manifestazione ha infatti un peso enorme in ogni pensiero relativo all'identità e alla percezione di sé.

Come si può pensare che un bambino che cresce sentendosi definire un errore e vivendo quello che arriva dall'ambiente come uno sbaglio che ascolta costantemente riferimenti all'autismo e alla sua persona come ad un bambino intrappolato da una malattia mostruosa, che è sovrastimolato da stimoli intensi che non comprende, possa essere nelle condizioni ideali per favorire un qualsivoglia apprendimento funzionale?

Parlare di noi come se non ci fossimo è forse uno degli aspetti più offensivi di tutto il sistema. Un sistema malato che si rivolge nel migliore dei casi agli autistici come facevano i WASP con le migliori intenzioni negli anni '60 in Mississippi. In Una scena del bellissimo The Help (Tate Taylor, 2011) un gruppo di persone di etnia afroamericana, agghindate da domestici, ruolo al quale poteva aspirare solo la parte più "desiderabile", veniva pubblicamente "ringraziato" in una manifestazione di ricchi WASP (White Anglo Sasson Protestant) agghindati in abiti da sera sfavillanti e da questi riconosciuto come gruppo di "brave persone" che facevano il loro dovere e anche, in fondo, anche se negri (inteso in senso dispregiativo) avevano la loro dignità perché non era colpa loro se erano nati negri…. Quelle le situazioni migliori. Mediamente assisto a scene di madri, più raramente padri, dato che nella quasi totalità dei casi fuggono, che maledicono l'aver avuto la sfortuna immensa di un figlio autistico, maledicono l'autismo, dichiarano di odiarlo, si riuniscono per esplicitare quanto lo odiano, il tutto anche in presenza dei bambini.

Scrivere dell'autismo come se gli autistici giovani e vulnerabili non leggessero e parlare dell'autismo come se non ascoltassero è un'abitudine che non vuole estinguersi. Non bastano le ormai innumerevoli testimonianze, reazioni, spiegazioni di chi evidenzia l'orrore di questo atteggiamento. Odiare l'autismo è la priorità.

La scarsa letteratura su autismo e Apprendimento poi è aberrante. In un testo fresco di stampa, pubblicato da una casa editrice nota e da un autore accreditato l'esordio è che perfino chi è "affetto da disturbo autistico può apprendere, per quanto la cosa possa sorprendere".

Quali potrebbero essere in questo clima i presupposti per favorire gli adeguati prerequisiti per l'apprendimento?

Purtroppo nella maggior parte dei casi non ci sono. Perfino in ambiti istituzionali l'autismo viene definito malattia e l'idea che si ha degli autistici è più simile ad una caricatura da film. Condizioni funzionali vengono prese per "altro" malgrado numerosi testi chiariscano i criteri valutativi (disturbi di personalità, forme psicotiche varie, depressioni) e le argomentazioni per l'esclusione dal quadro diagnostico inconsistenti (presenta sguardo diretto, gesticola in modo pertinente, "se lei fosse Asperger entrando qui si sarebbe messa a fare discorsi bizzarri", cit.).

La confusione con Disturbi di Personalità è comune. Scrive Flavia Caretto: "lo spettro dell'autismo e i Disturbi di Personalità in genere non cadono reciprocamente in diagnosi differenziale, ma può essere difficile distinguere le caratteristiche in un adulto con buone capacità, se non facendo riferimento alle peculiarità della consapevolezza sociale, della reciprocità emotiva e dei comportamenti e interessi stereotipati.

L'esordio delle caratteristiche dell'autismo viene descritto come segue (Criterio C della diagnosi): "i sintomi devono essere presenti nel periodo precoce dello sviluppo..." (cit. p 58). Si considera il fatto che la diagnosi può essere posta in età successive alla prima infanzia, ma sempre facendo riferimento a questa come momento di esordio, e che i sintomi "possono non manifestarsi pienamente prima che le esigenze sociali eccedano le capacità" del bambino (cit. p 58). "Le caratteristiche di un Disturbo di Personalità di solito diventano riconoscibili durante l'adolescenza o nella prima età adulta" (cit. p 750). Vi sono casi che vengono definiti "relativamente insoliti" in cui le categorie dei Disturbi di Personalità "possono essere applicate a bambini o adolescenti" ma vanno considerate una serie di limitazioni a questa estensione, ad esempio: il Disturbo Antisociale non può essere diagnosticato prima dei 18 anni di età, e va considerato che i sintomi "non persistono immodificati fino all'età adulta" (cit. p 750). Si legge inoltre nel testo quanto segue in merito agli specifici Disturbi di Personalità elencati "iniziano nella prima età adulta..." (cit. p. 752); "inizia nella prima età adulta..." (cit., p. 756); "inizia entro la prima età adulta..." (cit. p. 759) e così via.

Conclusione: l'età di insorgenza per lo spettro dell'autismo è senza dubbio quella evolutiva, mentre per i Disturbi di Personalità, logicamente attribuiti ad un momento in cui si considera in formazione o già formata una personalità, l'età di esordio è generalmente successiva".

Come organizzare o favorire l'insieme di prerequisiti che tengano conto degli aspetti emotivi e siano utili all'apprendimento?

• Percorso di Apprendimento per la conoscenza di sé organizzato in positivo: chi sono, come funziono. Un percorso di Apprendimento corretto in tal senso deve necessariamente essere strutturato in modo diametralmente opposto rispetto a come è organizzato negli interventi medi, nei quali l'intero profilo del funzionamento, sia esso in condizione patologica o meno è descritto come una serie di "Non", deficit, carenze, disturbi. L'atteggiamento è del tutto simile a quello della percezione razzista per cui, a seconda delle caratteristiche della classe al potere l'altra sarà carente in tutta quella serie di caratteristiche che sono diverse, come tipo di pigmento, consistenza del capello, taglio degli occhi, volume delle labbra e così via. E mentre nei millenni la specie ha prosperato manifestando caratteristiche sia chiare che scure, sia spesse che sottili, sia arrotondate che allungate, e proprio grazie a queste diversità, nei giochi di potere sociali a seconda della prospettiva di riferimento la caratteristica opposta è vista come un grave difetto.

• Percorso di educazione ego sintonica: associare percezione di vantaggio ai segnali del mio corpo, ai miei pensieri, al mio sentire

• Percorso di riconoscimento delle emozioni organizzato secondo criteri culturali di appartenenza. Non vanno bene le faccine, non vanno bene indicazioni sulla lettura del non verbale. Il non verbale, le espressioni del volto umano, il tono, la postura, sono segnali che acquisiscono valenza diversa a seconda degli innumerevoli contesti e delle innumerevoli variabili nei quali sono inseriti. Per orientarsi in questo sistema complesso è necessario che siano presenti alcuni requisiti: 1) il sistema sensoriale deve avere accessi limitati, deve arrivare poco dall'ambiente; 2) i pochi dati che superano il filtro sensoriale devono poter essere "sospesi" e acquisire valenza a seconda di come vengono combinati tra loro e sulla base anche di vaghe somiglianze o richiami (come appunto funziona il simbolo degli smile); 3) i dati non utilizzati devono poter essere cancellati o "messi a tacere" (latentizzati); 4) subroutine di ricerca a abbinamento dati devono poter attivarsi mentre altri sistemi cognitivi e percettivi sono impegnati nell'analisi dell'ambiente e negli agganci relazionali; 5) i processi percettivi devono poter attingere ai segnali dei pari, modellandosi sul feedback sociale. In parole povere ci vuole un sistema neuro tipico.

• Accoglienza e rinforzi, apprendimento senza errori. Struttura di rete come riferimento sicuro, senza giudizio e acritico, in cui anche gli aspetti di criticità sono delineati come occasioni favorevoli per la crescita.

• Acquisizione di vantaggio associato alla cura di un interesse e da quello a tutti gli altri, costituendo le basi della flessibilità attraverso il sistema a "Cotta di Maglia".

• Sano orgoglio di appartenenza, imparare ad essere fieri di ciò che si è.

• Percorso di preparazione, sostegno e apprendimento per la rete, con valutazioni della condizione neurologica di tutti i membri e adattamento personalizzato che ne tenga conto, cura delle dinamiche relazionali e dei criteri di educazione e pedagogia basilari.

Una volta presenti i prerequisiti, come organizzare percorsi di apprendimento che tengano conto degli aspetti emotivi e anzi possibilmente utilizzino la risposta emotiva a favore del percorso di adattamento desiderato?

Basi: Prerequisiti Presenti. Io conosco il funzionamento dei miei sistemi, so chi sono. So di essere amato, accolto, apprezzato. Poiché l'amore non si può imporre il requisito minimo corretto presente deve essere: "So di essere rispettato", "So che la mia opinione è importante" e poi "Mi fido di chi mi guida". SI tratta di prerequisiti che non possono essere improvvisati e non si possono "pretendere" come fossero scontati o "Preconfezionati. Sono il risultato di un preciso lavoro che non è solo tecnico ma anche morale, un lavoro sulle credenze dell'educatore.

Pianificazione e Presentazione: sono due passaggi diversi. Vanno organizzati in modo esplicito, possibilmente attraverso strumenti visivi. Lo strumento visivo sarà maggiormente di aiuto per le persone con limiti cognitivi o con autismo molto profondo. Ma sarà, al contrario, anche di grande aiuto alla rete nel caso di progetti che coinvolgano persone con QI alto, e competenze cognitive potenziali o sostanziali maggiori rispetto a quelle della rete. In questo caso aiuterà la rete a non contraddirsi e rimanere puntuale. In questa fase vengono valutati e stabiliti obiettivi finali e obiettivi in itinere e loro eventuali alternative. Vanno individuate eventuali possibili alternative di percorso e stabilite gratificazioni per ogni step e per ogni adattamento. L'alternativa deve compensare l'investimento e il trauma da adattamento quindi la percezione di vantaggio deve essere consistente. Si consideri che una alternativa ragionevole per un obiettivo che non può essere raggiunto per motivi indipendenti dalla volontà può essere raggiunto virtualmente. Chiamo questo "Effetto Salgari". Sapere tutto di qualcosa senza averla mai vista fisicamente. L'effetto Salgari è un valore presente da sempre nella cultura autistica. Lo scrittore italiano, noto in tutto il mondo per aver scritto romanzi sull'estremo oriente, tra tutti La Tigre della Malesia, con il celebre personaggio di Sandokan, non ha mai visitato quei posti. É un dato estremamente importante nella pianificazione e adattamento di un progetto.

Anticipazione: fase di preparazione al programma.

Simulazioni: a seconda dell'obiettivo le simulazioni vanno organizzate prima verbalmente poi concretamente, esattamente come fanno gli attori quando leggono un copione/sceneggiatura, poi ne parlano immaginando come per realizzare meglio una scena e infine la provano. Prima della messa in scena o della registrazione a volte si può organizzare una "prova in costume", lo stesso vale per le simulazioni nei programmi per l'autismo, perché fare qualcosa bene in un certo contesto non vuol dire che ci si senta sicuri con le variabili cambiate.

Defaticamento: Stabilire attività di defaticamento che siano riposanti e gradite. Le attività di defaticamento funzionano per il cervello e per le funzioni superiori esattamente come il defaticamento muscolare funziona per il corpo. Così come dopo un intenso sforzo fisico l'interruzione brusca danneggia il muscolo e i legamenti, che, al contrario, vanno accompagnati verso il riposo in un percorso che li coinvolga in sempre minore intensità (camminare dopo la corsa prima di fermarsi), anche le attività dei neuroni vanno accompagnate verso una diminuzione dell'intensità eccitatoria e non bruscamente costretti alo stop inibitorio. Produzione e collocazione di molecole biochimiche e attività elettrica non devono arrivare come "frustrate" perché il sistema sinaptico è estremamente delicato e sensibile, molto più di un muscolo. Una attività di defaticamento orientativa può essere una attività tarata su competenze evolutive di uno o due anni in meno (Caretto) o anche più, a seconda dei gusti e delle competenze.

Esplicitare le basi dei riferimenti di pianificazione, organizzazione e resa: si apprende meglio quando si apprende bene (Thorndike), si ottiene di più quando si risparmia sforzo (Taylor).

Sostenere durante l'esecuzione di un apprendimento Monitorare e supervisionare (fading) favorendo l'autonomia.

Organizzare un valido sistema di rinforzi: Si ricordi che il rinforzo è un elemento "X" percepito come vantaggioso (quindi può essere rinforzo tutto e il contrario di tutto, a seconda delle variabili di quel particolare insieme di soggetto e condizioni, rinforzo può essere anche un rimprovero a determinate condizioni) e associabile direttamente ad un evento o una emissione di comportamento. Il rinforzo tende a fissare una percezione o un comportamento, cioè ad amplificare il margine di probabilità che alle stesse condizioni la percezione o il comportamento in questione si manifestino.

Pianificare la sostituzione del rinforzo: lavorare in stimolo, poi in rinforzo e accompagnare il rinforzo concreto fisico ad un segnale di approvazione e di riconoscimento per l'autoapprovazione.

Sistemizzare: ragionare sugli apprendimenti acquisiti favorendo la corretta sistemizzazione contrastando fenomeni come il ripiegamento del pensiero e deduzioni da fraintendimento. Può essere utile per gli operatori e gli educatori esercitarsi a segmentare sequenze e insiemi, frammentandoli in modo sensato per costituire delle sottocategorie. Questa preparazione permette di comprendere meglio da quale prospettiva percettiva l'autistico parte per elaborare il sistema dei collegamenti e quindi delle poi successive generalizzazioni.

Accogliere la percezione dell'altro anche se è tecnicamente aliena: per un autistico potrebbe essere difficilissimo e scioccante sapere che le sue intenzioni possono essere fraintese. Questa informazione e altre simili vanno veicolate in modo rispettoso, graduale. Durante la fase del ragionamento a posteriori, dopo la messa in pratica di una attività appresa, il rimando del diretto interessato, ossia il racconto della sua percezione, spesso è diverso rispetto alla percezione generalo o sociale neuro tipica. Ad esempio un ragazzo potrebbe aver percepito di condividere una attività con i pari, che potrebbe definire amici, solo perché li ha osservati mentre loro la svolgevano.

In questo percorso, prerequisiti e sistemizzazione a posteriori, con particolare cura per il Prime (effetto Prime è l'impressione, che tende a permanere, esercitata dal primo approccio) e l'effetto recenza (effetto di permanenza dell'ultimo passaggio/elemento con il quale si ha esperienza), la guida dovrebbe esplicitare l'assenza di presunti problemi. I nostri ragazzi crescono subissati dalla percezione di avere problemi, ogni loro percezione, azione, idea è definita problema e ogni insuccesso l'effetto di quel problema. In verità le cose stanno diversamente e bisognerebbe tenerne conto.

Il peso emotivo della percezione di problema associato all'identità è uno degli ostacoli maggiori per l'apprendimento, porta all'evitamento, alla chiusura, all'isolamento. Al sano rifiuto tutelante di essere esposti a quell'elenco di fallimenti e incapacità percepite.

Tommaso, un ragazzo autistico adolescente che non esprime spontaneamente il potenziale che ha, era stato avvisato dal padre che, su invito della famiglia, sarei arrivata in un determinato momento per parlare con lui di un argomento su cui stiamo lavorando. "Ma di cosa? dei miei problemi?", ha chiesto. E il padre ha correttamente risposto che non c'è nessun problema in questione. Si tratta di condividere le esperienze della vacanza e ragionare insieme sulle nuove esperienze per capirle e poi averne nuove sempre migliori. è stato un incontro sereno, rilassato e fruttuoso come pochi.

L'impatto emotivo dell'approccio razzista monodirezionale nella percezione del destinatario dell'intervento o del percorso di apprendimento è "io sono sbagliato". Il messaggio dovrebbe essere "Due culture diverse con criteri diversi cercano un compromesso, l'investimento è alla pari". A maggior ragione questo concetto dovrebbe amplificarsi quando l'autismo si manifesta in condizione compromessa. Purtroppo quello che accade attualmente è che non solo l'autistico deve presumibilmente addestrarsi a gestire alcune situazioni secondo i criteri della cultura tipica sociale ma anche gestire la mole di emozioni negative associate a questo immane sforzo unidirezionale di adattamento. Manca del tutto l'investimento della rete. Anche i tipici della rete devono addestrarsi a gestire alcune situazioni secondo i criteri della cultura autistica sociale. Questa parte è sempre assente in ogni intervento.

Si prendano come esempio le famose "storie sociali". Esempi:

Storie sociali come sono

Vignetta che rappresenta una interazione tra umani in cui è presente un conflitto o un problema da risolvere, seguita da ulteriori vignette in cui disegni che rappresentano persone tipiche, sempre sorridenti e accomodanti, sono disegnate mentre sono intente a fornire spiegazioni e modelli di comportamento al soggetto autistico rappresentato sempre attraverso un disegno di figura umana, a volte con segni che lo identificano, altre volte in modo neutro. In alcune sequenze è mostrato il comportamento indesiderabile, e poi sono esplicitate le potenziali conseguenze ed è evidenziato l'aspetto di disapprovazione sociale. In altre tavole orientate sull'apprendimento senza errori o correzioni viene presentato direttamente il modello di interazione ideale: la risposta corretta secondo i criteri culturali tipici ecc.

Il limite più grande di questo sistema è quello di considerare sociale solo la cultura tipica, quello di considerare "da adattare" solo l'atteggiamento degli autistici e quello di porsi come modello di interazione umana unico possibile. Non esiste nessuna storia sociale orientata secondo i criteri della cultura autistica a cui i tipici devono fare riferimento per allenarsi a comprendere e simulare dinamiche di interazione neuro diverse. Non esiste nessuna idea di modello corretto della cultura di appartenenza da apprendere prima di potersi adattare a quello di una cultura diversa.

A seguire vi sono poi innumerevoli altri aspetti che, di fatto, rendono questo strumento per lo meno discutibile: gli scenari non sono realistici; le dinamiche nella realtà non sono mai così lineari; gli schemi variano continuamente per innumerevoli variabili imprevedibili; le dinamiche si modificano per ogni nuovo membro che si inserisce nella rete (elemento precipitante, mette in discussione tutto il sistema e lo costringe a riorganizzarsi, a volte stravolgendo completamente le dinamiche precedenti), per cui nella ipotesi più rosea mettendo in pratica quanto appreso e simulato nella vita reale si apparirà poco più che imbranati; il prezzo per l'adattamento è sempre da smaltire e farlo senza consapevolezza, senza controllo e senza guida nella razionalizzazione e sistemizzazione può avere effetti emotivi importanti.

In aggiunta l'atteggiamento medio di chi presenta il modello è quello di disapprovazione assertiva o addirittura aggressiva, per ogni risposta che si discosti da quella desiderata.

Effetto sul piano emotivo:

L'effetto sul piano emotivo non è confortante. La percezione tende ad essere quella del fallimento, del sentirsi sbagliati e del non riuscire in cose che agli altri sono facili. Questo è molto demoralizzante.

Se si pensa che l'intervento medio per il sostegno di un bambino autistico spazia tra l'imposizione di sguardo diretto e pronuncia di parole precise, chatting e storie sociali immagino sia più chiaro il motivo per il quale fino a trent'anni fa gli autistici erano in grado di svilupparsi e inserirsi, seppure a caro prezzo, nel tessuto sociale, sessuale e lavorativo, mentre oggi autistici nati nell'ultimo trentennio, anche con QI superiori alla media, sembrano, e di fatto sono, dei disabili, le cui autonomie sono limitate e che mai potrebbero integrarsi o non essere riconoscibili come diversi.

L'unico apprendimento riservato agli autistici è quello verso la consapevolezza di essere sbagliati, con l'intento di spronarli a fare l'impossibile per diventare meno sbagliati.

Storie sociali come dovrebbero essere:

Fase UNO: orientamento secondo i criteri della cultura di appartenenza

Fase DUE: conoscenza e sostenibile adattamento ai criteri della cultura altrui Fase TRE: strategie di tutela nei casi non chiari (quasi tutti)

Fase QUATTRO: confronto tra simulazioni organizzate secondo la FASE UNO e poi la fase DUE in cui la fase UNO di riferimento, ossia la cultura di riferimento per l'effetto Prime è quella dell'elemento più vulnerabile della rete (in genere il più giovane o quello in minoranza).

Per cui la fase UNO per l'autistico potrebbe essere la rappresentazione, prima figurata e ragionata poi simulata, di una situazione di conflitto o in cui è rappresentato un problema da risolvere: I disegni che rappresentano i protagonisti dell'azione dovrebbero interagire secondo i criteri della cultura autistica. Ad esempio, citando il film su Temple Grandin, una scena in cui qualcuno afferma che un altro ha un cattivo odore e gli regala un deodorante e la persona in questione ringrazi e magari chiede come si usa, senza che questo modifichi le dinamiche relazionali. O un modello di scambio basato sull'approfondimento di argomenti di interesse (come di fatto, nella realtà, accade agli autistici che, sfuggiti al sistema tipicizzante, si cercano, si trovano e condividono interessi comuni nel modo comune).

In seguito, dopo aver presentato il corretto modello autistico (modello guidato, non selvaggio e basato solo sull'istinto) si presenta un modello organizzato secondo i criteri della cultura diversa, prima ragionato poi simulato spiegando i singoli passaggi. Va esplicitato che le dinamiche tipiche sono estremamente flessibili e che le variabili sono innumerevoli. Se ne presentano alcune tra quelle ipotizzabili.

Al termine si organizzano attività di defaticamento e sistemizzazione degli apprendimenti.

Parallelamente i membri della rete tipici si possono organizzare in modo inverso: prima il modello tipico poi quello autistico.

Nella fase TRE si organizzano e pianificano a priori strategie di tutela in casi non chiari, ad esempio come comunicare in modo assertivo di non avere strumenti per gestire quella situazione, come chiedere aiuto, come evitare in modo funzionale certi rischi, chi chiamare, cosa raccontare. In caso di situazione che va fuori controllo si dovrebbe poter disporre di strumenti per riconoscere e gestire eventuali comportamenti da correggere che già sono in atto.

Effetto sul piano emotivo:

L'effetto sul piano emotivo di ogni componente del sistema sarà funzionale allo sviluppo dell'autostima, della conoscenza di sé, del rispetto dell'altro, del senso di appartenenza, dell'uso di strategie di controllo e tutela.

Chiaramente questo tipo di emozioni tenderà a favorire l'interesse verso nuovi apprendimenti e verso la conoscenza e il rispetto della cultura altrui, che non può prescindere da quello per la propria e da un sano e solido senso di appartenenza e di identità. E questo vale anche per le condizioni più compromesse.

Questo è un percorso per gli apprendimenti sociali, reciproci, che avrebbe senso.

Mi arrivano testimonianze raccapriccianti: storie sociali utilizzate come strategia nell'intervento organizzato per un bambino autistico, intelligente, inserito in un contesto familiare completamente disfunzionale. Piuttosto che proporre un percorso a tutta la rete e fornire strumenti agli adulti prima che al bambino, si è optato per un intervento di diciotto mesi in cui, lavorando a tavolino, terapeuta e bambino, chiusi in cameretta da soli, studiavano le "storie sociali ". Si rifletta sul fatto che oggi nemmeno più il cane viene "lasciato all'addestratore", perché la cura della relazione è quella che determina il cambiamento. Quindi abbiamo una società di adulti che non lascia il cane al centro cinofilo me lascia il figlio a percorrere questo delicato e complesso viaggio nella trasformazione nel presunto adattamento da solo.

Quale funzione avranno poi le storie sociali, aberranti il più delle volte e impossibili da considerare credibili, presentate al solo bambino in età prescolare, senza il coinvolgimento dell'intera rete, senza cura dei prerequisiti, senza lavoro sulle disfunzionalità relazionali del nucleo familiare? Alle storie sociali si attribuisce il magico potere di essere una delle "cure" per l'autismo.

Intanto chi ha stabilito che i criteri di socialità e comunicazione neuro tipici siano "I" criteri sociali? Questo atteggiamento ha molto del colonialismo inglese: insegnare la civiltà ai selvaggi. Cultura, abbigliamento, riti, alimentazione di innumerevoli popolazioni semplicemente annullati. Nel secolo scorso in Australia un numero impressionante di bambini aborigeni è stato sottratto alle famiglie per poter "ricevere una educazione". Una cultura devastata.

Esattamente come si sta devastando la cultura autistica negli ultimi trenta/quarant'anni. Persino negli Interventi Assistiti dagli Animali, come accennato in precedenza, viene valutato e garantito il monitoraggio del benessere e della tutela dell'animale non umano. Questo atteggiamento colloca l'autistico non solo al di sotto della persona umana, ma persino al di sotto dell'animale non umano, come soggetto "Avente diritti". Le esigenze e le emozioni dell'animale non umano sono riconosciute e rispettate, quelle dell'autistico nemmeno prese in considerazione poiché l'autistico è ancora percepito come un essere che NON ha emozioni e sentimenti e il cui benessere non può essere diverso dallo smettere di essere autistico, a qualsivoglia prezzo.

Inoltre, fenomeno molto interessante che indica una gravissima carenza nella competenza di osservazione e nella neutralità della raccolta dati, esiste un dato che a me appare palese ma che non viene registrato e tantomeno menzionato tra i molti responsabili del successo dell'intervento di IAA: l'ambiente adattato alle esigenze dell'animale non umano che guarda caso coincidono con le esigenze sensoriali degli autistici.

La sensorialità e l'emotività di cane, coniglio e cavallo (cane e cavallo le specie su cui esistono più studi attendibili) impongono criteri ambientali precisi per poter garantire un ridotto margine di imprevedibilità dalla reazione dell'animale e per poter garantire il suo benessere a la sua tutela (la misura del cortisolo salivare è utilizzata per valutare il livello di stress del cane ad esempio, e la reattività del cavallo associata alle sue dimensioni renderebbe rischioso il superamento di questi limiti).

Poiché le esigenze sensoriali ed emotive di questi animali sono simili a quelle neuro diverse come escludere che il successo degli interventi non sia dovuto anche all'ambiente favorevole e non sovraccaricante?

Sono numerosi gli scritti di Temple Grandin sul ruolo della relazione con l'animale non umano e le persone neuro diverse. Sicuramente relazionarsi con un essere sociale che non eserciti pressione umana tipica è un sollievo. Il cane ad esempio ha un sistema sensoriale e percettivo simile a quello autistico ma una competenza sociale simile a quella tipica. Il suo etogramma di comunicazione, per quanto inserito in questo sistema sociale simile a quello tipico, è organizzato come quello autistico: diretto, chiaro, coerente, mai ambiguo. Nei casi in cui la relazione con l'animale è funzionale il ruolo delle emozioni è determinante e favorisce sviluppi e vantaggi su molteplici piani. Affinché questo avvenga ci sono dei prerequisiti necessari.

Poiché l'obiettivo è sempre quello di individuare la "formula" per sconfiggere l'autismo anche gli animali vengono presi con lo scopo di far guarire l'autistico. Il cavallo è tutelato relativamente dalla mole e dai costi, chiunque lo acquisti deve adattarsi ad un certo sistema e non può portarselo a casa. Ancora pochi i centri che lo gestiscono in maniera davvero rispettosa ma ci sono dei limiti relativamente tutelanti per l'animale che purtroppo non esistono affatto per animali più piccoli ed economici, che a volte sono esposti a situazioni da incubo. In realtà la relazione con un cane, o un animale da compagnia in generale, può essere utilissima, del tutto inutile o addirittura dannosa. Per fare in modo che sia utile devono esserci delle condizioni: predisposizioni di razza e predisposizione del soggetto, preparazione adeguata e corretta dell'animale, preparazione del gruppo famiglia/rete sociale e ovviamente del diretto destinatario (non basta il voler interagire, bisogna anche saperlo fare bene), supervisione del percorso, monitoraggio professionale del percorso, obiettivi chiari a lungo termine e in itinere, range di adattamento sostenibile e ovviamente, condicio sine qua non, interesse concreto della persona ad interagire con l'animale.

Senza anche uno solo di questi elementi l'inserimento di un animale come presunto co-terapeuta è, nella migliore delle ipotesi, inutile.

Ad esempio relazionarsi in modo scorretto con un animale amplifica la cattiva gestione delle emozioni e dell'empatia, aumenta la probabilità di subire un attacco reattivo in molti casi si risolve in un completo disinteresse.

Come ogni cosa anche una scelta simile rappresenta solo uno strumento e va inserita seguendo un protocollo preciso che cura tutti gli aspetti sensoriali e percettivi, ma anche quelli emotivi di tutti i partecipanti.

La fase di preparazione segue sempre il seguente schema:

• Adattarsi attraverso anticipazioni attendibili

• Organizzare le simulazioni in modo che siano generalizzabili e favoriscano la flessibilità e la generalizzazione rispettando le esigenze di chiarezza e sistemizzazione,

• Organizzare un lavoro sugli antecedenti, i segnali indicatori e la fase appetitiva (come individuare e come gestire i segnali)

• Organizzare i recuperi in fase consumatoria (cosa fare per gestire qualcosa che sta già succedendo proprio nel momento in cui succede, incluse le manifestazioni comportamentali di emozioni disfunzionali o inadeguate)

• Sviluppare la competenza di rielaborazione a posteriori con cautela e in modo che sia immediatamente fruibile in futuro, momento nel quale le emozioni continuano ad avere un ruolo (favorendo le risposte emotive corrette l'atteggiamento nei confronti del percorso sarà di slancio, al contrario si svilupperà una possibile resistenza)

La cura degli effetti emotivi è un aspetto imprescindibile di ogni percorsi di apprendimento perché determina le basi di ogni spinta motivazionale ad accogliere informazioni e strumenti nuovi per gestirle. Sentirsi bene mentre si cambia adattandosi è quello che rende funzionale ogni adattamento perché rende possibile restare sé stessi mentre si cambia, rende possibile cambiare al meglio secondo il potenziale da poter esprimere.

6. Il ruolo del pensiero logico

Il pensiero logico è una parte del processo cognitivo costituita da idee e ragionamenti che si formano in base a dati accumulati per esperienza diretta o indiretta. Alcune credenze, che sono alla base di atteggiamenti e inneschi emotivi anche importanti, possono rimanere non del tutto coscienti ma sono sempre piuttosto strutturate e solide se arrivano a determinare conseguenze.

Pensiero logico ed emozioni si influenzano reciprocamente. Infatti si possono modificare i pensieri lavorando sulle emozioni, come si possono modificare le mozioni lavorando sui pensieri. Una emozione di forte ansia può attenuarsi grazie ad un buon ragionamento che sposta la percezione emotiva su un piano diverso, fornisce prospettive di valutazione adeguate e strumenti per la gestione dei presunti pericoli percepiti. Specularmente un pensiero disturbante come l'idea di non essere apprezzati può essere contrastato attraverso un percorso di esperienze che collezioni associazioni vantaggiose tra l'esporsi e l'apprezzamento. Ci sono emozioni che generano pensieri e pensieri che generano emozioni. Le emozioni vantaggiose sostengono ragionamenti volti all'acquisizione dell'esperienza che le ha determinate come ad un valore e a qualcosa da ripetere e sostenere. Al contrario reazioni emotive svantaggiose sostengono processi di coscienza volti alla tutela, orientati quindi verso l'evitamento della probabilità che l'evento si ripeta. E ognuno di questi passaggi dei diversi processi genera a sua volta altri pensieri e altre emozioni che si concatenano in modo assolutamente non statico. Su queste basi l'intero sistema di idee e valori si costituisce, determinando poi quelli che sono gli atteggiamenti, le scelte, più o meno coscienti, e i comportamenti di ognuno di noi.

Alla base di un comportamento apparentemente incomprensibile, oltre alle emozioni, ci sono spesso pensieri e ragionamenti che seguono nell'autismo percorsi a volte del tutto diversi rispetto a quelli del cervello tipico. Talmente diversi da risultare impossibili da comprendere per chi ha un funzionamento diverso. Un esempio chiaro per comprendere questo fenomeno è rappresentato dal fatto che, se messi in condizione di poter ricevere informazioni in modo adeguato, molti autistici in condizione compromessa considerati "Persone con ritardo cognitivo" dimostrano al contrario di avere intatti i processi di ragionamento logico e di essere in grado di emettere pensieri piuttosto lucidi e funzionali. In molti di questi casi l'interferenza della profondità delle manifestazioni di autismo è talmente importante da intralciare, i passaggi logici, rendendoli complessi e quindi lenti e inadeguati alle circostanze nel loro insieme.

Le parole, pronunciate o scritte, che arrivano agli autistici vengono elaborate come ogni altro stimolo presente in ambiente ed è importante considerare questo elemento ogni volta che si intende comunicare.

L'attenzione all'aspetto cognitivo, in ogni processo di apprendimento, è fondamentale. Curare la forma sottovalutando la sostanza determina risultati sempre incompleti, oltre che scorretti ed eticamente discutibili. L'Apprendimento di formalità comunicative necessarie ai componenti della popolazione tipica per poter gestire la comunicazione, risulta spesso inficiato o addirittura bloccato proprio perché non viene considerato con adeguata attenzione questo criterio.

Esempio di sequenza comune:

- Non si deve parlare senza guardare negli occhi l'interlocutore
- Se non guardi negli occhi poi non capisci cosa ti viene detto
- Bisogna prestare attenzione allo sguardo
- Quando una persona ti guarda tu capisci cosa ti sta dicendo

Questa sequenza di informazioni fornisce dati che amplificano il margine di ritardo e di errore dell'apprendimento intanto perché affermano qualcosa che per l'autismo non corrisponde al vero e poi perché impegnando il ragionamento sull'acquisizione di questi dati si determina il loro inserimento in processi logici che ne saranno influenzanti, con conseguenze sballate sul risultato.

Osservare lo sguardo, ossia la mimica emessa dalla coordinazione di tutti i muscoli della parte alta del volto umano, innesca nel cervello tipico una risposta che attiva la competenza di riempimento, il calcolo statistico e tutta una serie di competenze precise che proprio grazie a quell'insieme di segnali permettono alle persone neuro tipiche di associare una valenza al messaggio trasmesso.

Poiché il cervello autistico funziona in tutt'altra maniera i movimenti e i micromovimenti (Grandin) degli occhi e delle aree superiori del volto umano non solo non attivano questa serie conseguenze di deduzione e lettura, ma vanno a caricare ulteriormente di stimoli un sistema che già è impegnato nell'inventario di molti altri. É come fornire un elenco di cose da fare scritto in una lingua sconosciuta mentre si sta facendo qualcosa che è già in un altro elenco. Uno dei due resterà incompleto ì, o tutti e due.

Oltre ad esercitare pressione emotiva e innescare reattività da ansia su un altro piano. Tutti questi elementi vanno ad inserirsi nella decodifica della consegna e il risultato ne risulta compromesso.

Premesso che andrebbe fatto un lavoro di apprendimento sulla rete affinché comprenda che guardare negli occhi senza intenzione comunicativa spontaneamente veicolata dalla mimica facciale non ha senso, in entrata e in uscita, e che se è vero che per un cervello tipico l'aggancio ad una sequenza di eventi ne determina lo sviluppo, per un cervello autistico è vero il contrario, ossia che l'apprendimento del primo passaggio di una sequenza resta un apprendimento statico e considerato "completo", se proprio si volesse lavorare su un apprendimento simile lo si dovrebbe fare diversamente.

Intanto dovrebbero essere diverse le premesse. Una premessa diversa potrebbe essere quella di tutela. Poiché esporsi facendo coming out ha conseguenze e la persona deve essere lasciata libera di scegliere se affrontarle. Oppure quella di favorire il compromesso, ad esempio in un contesto in cu anche la rete si impegna ad adeguare i comportamenti.

Poi l'informazione andrebbe veicolata in maniera del tutto diversa: Esempio di sequenza corretta

• Le persone tipiche non riescono a capire cosa dici se non vengono guardate, infatti anche quando leggono un messaggio scritto o ascoltano una voce la loro mente generalmente immagina quale potrebbe essere l'espressione del volto dell'autore del messaggio o l'intenzione sottostante al messaggio

• Può essere utile imparare a posizionare il volto in modo che loro possano guardarlo mentre parlate

• Molte persone autistiche trovano comoda una strategia, possiamo provare ad esercitarci e vedere se è comoda anche per te: si tratta di fissare una zona del volto tra naso e orecchio. In questo modo non vengono distratte dai movimenti di occhi e muscoli o da quello che è tra i denti e cose simili e l'interlocutore tipico è messo a proprio agio.

• É importante ricordare che una volta appresa questa tecnica si può rimanere in attenzione del messaggio pronunciato e che se ci sono cose poco chiare si possono fare domande

Gli effetti sul pensiero logico in questo caso sono migliori, il pensiero e l'elaborazione dei dati comunicati non subiscono interferenze importanti, la valutazione del proprio agire con effetto sull'autostima non è compromessa, non si ingenerano confusioni e, posta la comunicazione in questo modo, in genere l'esito della performance (comprensione e messa in pratica della consegna) risulta migliore.

Anche sul piano relazionale i pensieri automatici generati dal collezionare esperienze vantaggiose che si è in grado di gestire determinano un miglioramento in termini di qualità e quantità ma anche come spinta motivazionale.

Bisogna ricordare che nell'autismo, specialmente nella prima fase dello sviluppo, quello che è il bisogno non viene comunicato perché non si ha idea, concezione, del fatto che lo si possa fare, che lo scambio abbia un senso. Questo è infatti il primo apprendimento del bambino e il bambino autistico, con caregiver autistico e allevato adeguatamente, lo apprende per canali del tutto diversi rispetto a quelli necessari al bambino tipico. Gunilla Gerland scrive "Non chiedevo perché non sapevo fosse possibile".

Questa consapevolezza del fatto che altri non sanno o possono non sapere cosa io so è un apprendimento che nel bambino tipico avviene piuttosto precocemente. Il non verbale ha un tale potere nella comunicazione tipica da poter pilotare, sganciandosi dal messaggio originale, il comportamento altrui. In un contesto del tutto ingenuo, non malizioso ad esempio, un bambino tipico di età adeguata osserva che la madre ha una reazione di un certo tipo perché lui ha fatto qualcosa in un certo modo precedentemente appreso (ad esempio la faccia dello stupore guardando uno stimolo fuori dal campo visivo della madre). Capita che emettendo lo stesso comportamento in assenza dello stimolo che lo ha generato la madre si affidi al comportamento e si comporti come se lo stimolo fosse presente. Questo che tecnicamente è un inganno in realtà nelle dinamiche corrette può tranquillamente essere anche uno scherzo o un momento divertente. Tutti si mettono a ridere e vengono rassicurati. La selezione percettiva del cervello tipico permette di archiviare l'incoerenza come non rilevante a favore del successo sociale (approvazione) e dell'emozione che prova nell'essere gratificato in quel modo.

Nell'autismo tutto funziona diversamente. Associare un segnale mimico a una esposizione allo stimolo non è una cosa immediata, va appresa, e si apprende prima e meglio attraverso norme esplicitate e simulazioni. Dovesse accadere un errore di codifica la necessità di inventario e ricollocazione corretta degli eventi per contrastare l'incoerenza o dissonanza cognitiva prevarrebbe su ogni altro elemento.

Alla base dei comportamenti di dissimulazione o menzogne, ci sono infatti elementi come questo. Anche gli autistici possono mentire ma per farlo devono poter controllare una serie di elementi complessi.

Io ad esempio non riesco. Quando ci ho provato ho fatto dei grandi pasticci e sono stata ovviamente scoperta. Mentirei consapevolmente, cioè mi assumerei l'onere di dover gestire il disagio del mantenere "la parte" solo e soltanto per un valore oggettivamente maggiore, ad esempio salvare una vita. Per me il discorso delle cosiddette bugie bianche è totalmente incomprensibile, le variabili sono troppe e la cosa mi fa sentire molto a disagio.

Nella cultura tipica la cosiddetta risposta empatica (piango se ti vedo piangere) è intesa come segno provato del fatto che se piango soffro, quindi, sulla base dei legami di alleanza, se piango per te soffro per te. Questo però offre il fianco alla possibilità di piangere fingendo sofferenza. In quel caso c'è il segno senza che ci sia la sostanza (il fumo senza l'arrosto). Alcune volte segno e sostanza coincidono. Ma non è sempre così. L'abilità per l'ottenimento dello scopo di manipolazione eventuale sta nel ritardare o evitare del tutto che l'interlocutore si accorga dell'assenza della sostanza. Nella cultura autistica al contrario il segno non è importante. Può addirittura essere ritenuto non necessariamente manifestabile. Può essere acquisito in alcuni casi ma non è una componente presente nel profilo in modo stabile. L'assenza del segno non corrisponde ad assenza della sostanza. Ad esempio ci può essere sofferenza empatica senza che si manifesti. Chiaramente può esserci anche assenza di sofferenza per l'altro, ad esempio se si hanno pensieri giudicanti nei confronti dell'altro (merita di soffrire) o se non si comprende pienamente cosa accade.

La collocazione di pensieri di disconferma esperiti attraverso percorsi che non tengono conto del sentire e della struttura di pensieri automatici nell'autismo, possono assumere inoltre nel monologo interiore valenza di elementi che costituiscono la struttura dei ragionamenti riferiti alla propria persona e alla relazione con gli altri. Questo ha enorme influenza sulle emozioni.

Spesso la qualità dell'interazione, e la valutazione che ne consegue, è intralciata proprio da interferenze come questa. La percezione di vantaggio dovrebbe sempre accompagnare i percorsi di apprendimento. Ed è importante che il vantaggio sia reale ed effettivo nella percezione soggettiva e non relativo. Vantaggio infatti può essere anche uno svantaggio minore, rispetto ad uno maggiore. Un percorso di apprendimenti impostato sulla scelta dello svantaggio minore rappresenta un fallimento etico e tecnico, e gli obiettivi raggiunti resteranno statici. Ci sono bambini che possono apprendere a pronunciare parole se addestrati, ma parallelamente capita che, se l'addestramento è esercitato in modo inadeguato, perdano, estinguendola completamente, l'intenzione comunicativa. L'intenzione comunicativa può essere presente anche in assenza di verbalizzazione.

L'evoluzione cognitiva razionale che favorisce la relazione è un ottimo canale di apprendimento anche per altre competenze. Le risposte telegrafiche, spesso presenti nel comportamento maschile, capita che non siano sempre elemento della misura del reale potenziale cognitivo e comunicativo, ma l'emissione di strategie di difesa ed evitamento: Non mi sento a mio agio, vengo continuamente ripreso, l'interlocutore argomenta in modo illogico ma se pretesto vengo punito. Parlare con le persone è frustrante.

Se poi non esistono i prerequisiti per la gestione della condivisione degli interessi e della flessibilità attraverso la quale quasi ogni argomento può arricchire l'interesse di partenza, si perde completamente interesse nello scambio e gli esercizi durante le sedute rischiano di diventare fini a sé stessi.

Un altro elemento da considerare sempre nella comunicazione con le persone autistiche è l'aspetto normativo dell'emissione di messaggi. Le parole che arrivano come leggi, come regole. Le affermazioni comuni che trasmettono informazioni su cosa l'interlocutore pensa, ritiene, suggerisce, spesso strutturate in frasi che contengono verbi quale "dovere", ma anche solo che presentino una forma di imperativo, arrivano come obblighi.

Capita che in alcuni autismi, anche ad alto funzionamento e a che con competenza cognitiva adeguata o alta, e persino in molte manifestazioni femminili, che presentano maggiore flessibilità, la comunicazione così gestita arrivi come obbligatoria. In alcuni giovani adulti le conseguenze di questo fenomeno rendono complessa a volte la valutazione, spesso riferire di sentirsi vessati e forzati a fare cose che non si vogliono fare assume aspetti di segnale di fenomeni psicotici. L'etiologia al contrario è del tutto inversa. Non si tratta di percezioni deliranti ma di lettura dettagliata e letterale di affermazioni comuni. Lo psicotico delirante avrà dunque percezione di vessazione anche da parte di qualcuno che gli passa accanto per strada senza nemmeno notarlo, mentre l'autistico potrebbe sentirsi vessato perché qualcuno gli consiglia di guardare un programma che a lui non interessa.

Vi sono poi delle norme che favoriscono la condivisione di spazi ed esperienze, che sono alla base del cosiddetto vivere civile. Molte di queste norme non vengono mai esplicitate perché la popolazione tipica decodificando i segnali di approvazione ha un sufficiente grado di adattamento e in possesso di prerequisiti culturali adeguati può inserirsi in un contesto e orientarsi adattando ragionamenti e comportamento. Un ragazzo tipico sano che ha lo stimolo di grattarsi o spostare i genitali quando lo farà in contesto pubblico genererà una risposta di disapprovazione che sarà in grado di leggere perfettamente. Proverà disagio e comprenderà che si tratta di una azione che non va compiuta in pubblico perché genera disagio negli altri e quando si condivide uno spazio è bene attenuare al massimo il disagio reciproco.

La sua postura, la mimica, la scelta della comunicazione anche verbale si struttura costantemente su questa risposta sociale. Questa dinamica si chiama Modellamento sul feedback sociale, cioè adattamento dell'emissione comportamentale in base all'effetto che le azioni hanno sugli altri. Non riguarda solo il comportamento ma anche la struttura delle credenze e il vissuto emotivo. Nell'autismo questo non avviene. Capita che ci siano ragazzi già grandi che continuano a toccarsi i genitali, grattandosi attraverso la tuta ad esempio e poi a portarsi le dita al naso per annusare l'odore. Si tratta di comportamenti non a sfondo erotico, che hanno funzioni di gratificazione sensoriale o ritualizzata. La disapprovazione non esplicitata non può essere letta, come non c'è lettura dei segnali che indicano quale postura sia più accettata. Mediamente infatti i bambini e giovani autistici pare non "sappiano come mettere le braccia", in realtà quello che non sanno è che la posizione delle braccia ha una valenza sociale e non apprendono come utilizzare le risorse di questa valenza perché le informazioni sono veicolate attraverso un canale che è fatto per i tipici. Questi elementi vanno tutti esplicitati. Come la postura e il comportamento anche il ragionamento logico ha bisogno di modellarsi sulla risposta, quando viene meno il sostegno della risposta veicolata in modo adeguato tutto l'insieme delle credenze ne risente e il pensiero tende a ripiegarsi su sé stesso, generando percorsi a volte incoerenti o difettosi. Quando questo accade e le credenze alla base di questi vizi di sviluppo vanno individuate e si può tentare di organizzare un percorso per destrutturarle e sostituirle con altre funzionali.

Non è il sistema di apprendimento nell'autismo che non funziona, è il sistema di insegnamento che va modificato. Bisogna insegnare nel modo in cui l'altro può imparare. L'uso delle parole nell'autismo è completamente diverso perché il pensiero è completamente diverso e prima di pretendere di insegnare un criterio diverso è necessario imparare quello utilizzato, altrimenti non c'è comprensione e tutto può venire frainteso. Nella cultura tipica se fornisco l'avvio il discorso si appoggia al sostegno non verbale e ai concetti generali condivisi. Nell'autismo la dinamica è diametralmente opposta. Fornire l'avvio al discorso e lo scambio può finire sul nascere oppure evolvere secondo schemi sistemizzati, senza adattamento e modellamento sul feedback e senza aggancio empatico come lo intende la cultura tipica.

Ci sono formule che sono difficili da interpretare perché non sempre chiare, come la doppia negazione, il sarcasmo, l'esagerazione. Il modo di parlare delle persone autistiche è il segno del modo di pensare. Tentare di modificarlo senza interrogarsi su cosa rappresenti priva di un canale di comprensione reale che è importantissimo, in particolare con il bambino piccolo o nelle condizioni di maggiore vulnerabilità. Una volta che la forma è appresa meccanicamente il segnale è camuffato e diventa più complesso poter comprendere cosa lo aveva generato.

"Parli come un libro stampato" o "Sembri un professore, rilassati", sono affermazioni spesso riferite a persone autistiche, ma l'idea che questo indichi tensione o che debba essere modificato chiude a volte definitivamente una finestra importantissima che permette di accedere alla modalità di pensiero che è alla base di quelle affermazioni.

Il ruolo dei pensieri nella presa di coscienza anche individuale è invece la base di tutta la struttura delle norme di riferimento e della gestione delle emozioni, e del comportamento.

7. Il comportamento: cos'è, come funziona, a cosa serve

Comportamento è l'insieme di risposte manifeste, cioè visibili, individuabili, che un soggetto emette in relazione all'ambiente. Ogni singola azione compiuta, consciamente o inconsciamente, è il risultato di tutto il processo che parte con l'esposizione allo stimolo, continua con il processo di elaborazione percettiva, che include il coinvolgimento di passaggi emotivi e logici e si conclude con l'effetto che può essere più o meno evidente ma è sempre presente. Ogni singolo stimolo in ogni frazione di secondo genera una dinamica, e cioè una catena di eventi che porta ad un risultato identificabile con una emissione comportamentale, cioè un segno di quel processo.

È importante considerare sempre che potremmo non sapere, sentire o percepire lo stimolo che determina il comportamento da modificare, contenere, gestire, ma questo non vuol dire che tale comportamento sia immotivato, esagerato o sproporzionato.

La comunicazione è parte dell'insieme dei comportamenti e può essere suddivisa in due macrocategorie (Vallortigara): attrarre e respingere. Ogni categoria si dirama capillarmente in innumerevoli sottogruppi e sfumature ma la direzione verso l'obiettivo resta quella di avvicinare o allontanare qualcuno o qualcosa. Favorire la probabilità che un evento si ripeta o estinguerla, ampliare il margine di probabilità che l'evoluzione o le conseguenze di qualcosa si sviluppino o cessino, cioè si "avvicinino" entrando a far parte del vissuto o si "allontanino" non comparendo. Un comportamento non intenzionalmente emesso come comunicazione è sempre indice di informazioni in merito a tutto il processo percettivo che lo genera. In una analisi funzionale che ha lo scopo di investigare le azioni e le dinamiche che le generano questi sono aspetti che non possono essere sottovalutati.

Così come i processi cognitivi, emotivi e logici, hanno un peso sull'emissione del comportamento, esistono effetti anche speculari per cui alcuni comportamenti riescono ad avere effetto sugli aspetti cognitivi.

Cosa vuol dire intervenire sul comportamento? Perché ha effetti sulle emozioni?

É l'insieme di strumenti e tecniche di osservazione e intervento su basi teoriche accreditate e sperimentate che permette di adeguare il comportamento, il pensiero e le emozioni ai criteri voluti. L'etica impone di applicare tale insieme in buona fede nell'interesse dell'assistito e della sua rete. Le basi teoriche di riferimento si possono in estrema sintesi definire come sistema che si basa sul modellamento in base al vantaggio percepito per favorire la probabilità di un esito desiderato, e allo svantaggio percepito come deterrente per ridurre il margine di probabilità di un esito indesiderabile.

Funziona perché la percezione del vantaggio favorisce una associazione favorevole tra causa ed effetto (richiesta ed emissione ad esempio) e la percezione di svantaggio favorisce una associazione sfavorevole tra causa ed effetto. Il sistema di adattamento e apprendimento umano e non umano è strutturato in modo da favorire il margine di probabilità del ripetersi di eventi associati ad altri, la percezione di vantaggio e svantaggio ad essi legato indirizza i processi emotivi e cognitivi in modo da adeguare il comportamento in termini di funzionalità. Se non correttamente applicata la TCC (Terapia Cognitivo Comportamentale) può determinare un cambiamento funzionale o parafunzionale SOLO NEL COMPORTAMENTO (effetto scimmietta addestrata). Se non correttamente applicata può danneggiare irreparabilmente il sistema cognitivo ed emotivo. Il facile aggancio al marketing rappresenta un elemento di rischio che può portare a pensare che il risultato corrisponda ad una reale e vantaggiosa evoluzione percepita dalla persona che subisce l'intervento. Questo accade perché funziona SEMPRE, dal punto di vista TECNICO, cioè anche se i presupposti sono scorretti gli obiettivi prefissati sono raggiunti sempre, se l'intervento non è ben strutturato si potrebbe fissare un risultato e solo in seguito registrarne la disfunzionalità. Non sempre è possibile realizzare un controcondizionamento correttivo.

Non esiste un unico modello di assorbente igienico per tutte le donne, come potrebbe esistere un intervento standard ideale per tutti gli autistici? Un intervento Cognitivo Comportamentale FUNZIONALE ha una struttura di base solida e unica, uguale per ogni intervento, che rappresenta la base del sistema. Mantenendo la metafora degli assorbenti: un unico criterio comune, assorbenza unita a flessibilità, ali, non ali, spessore, sagoma anatomica, materiale ipoallergenico, utilizzo interno, esterno ecc. ecc. E caratteristiche innumerevoli, sfumature, dettagli che si adattano alle singole esigenze del singolo soggetto inserito nel singolo contesto.

Il peso delle parole:

Quando ho scritto, qualche anno fa, uno dei diversi articoli sulla condizione definita allora Sindrome di Asperger ho inserito ingenuamente, come dà indicazioni ufficiali, l'elenco dei molti deficit percepiti come tali da una prospettiva tipica. Inserendo quello stesso articolo in un libro ho esplicitato più volte che tutti i deficit in elenco sono da considerarsi reciproci tra cultura tipica e cultura autistica. Non esiste e non può esistere altro modo, se non la reciprocità, per utilizzare questi termini.

Eppure questo concetto non passa, non riesce a passare.

Ho deciso da allora che LE COSE NON CAMBIANO FINO A CHE LE COSE NON CAMBIANO.

Quindi ho scelto che termini quali "deficit, disagio, difficoltà" non andavano usati. E non li ho più usati, in nessun testo ufficiale o ufficioso.

Purtroppo si tratta di concetti che faticano a modificarsi.

Per quanto molti si dichiarino dalla parte di chi considera l'autismo una variante naturale e sana della specie, una differenza e non una patologia, ancora oggi parlano o scrivono mantenendo intatte e invariate tutte le indicazioni di un approccio "alla patologia", per cui si trova comunemente un elenco di problemi, deficit, carenze, ecc.

Le parole che definiscono i concetti indicano chiaramente quali sono i pensieri e le credenze alla base di quei concetti. Non esiste in quasi ogni lingua una parola originale che indichi la donna. Donna è il femminile di Dominus, Domina, ed è stato introdotto per riferirsi a femmine umane di potere che si sarebbero offese se definite tali, femmina di persona, e avrebbero mostrato attraverso il loro potere tale offesa.

Woman in inglese deriva da Wife of man, moglie di uomo, Femme francese da femmina e via discorrendo. Nell'idea comune la Persona è maschio, la Persona è bianca, quando non lo è infatti non si dice o scrive uomo o donna o ragazza, ma si specifica che è "di colore" o asiatica", perché Persona, uomo, ragazzo è inteso come bianco, purtroppo.

Allo stesso modo Persona è neurotipica, se non lo è allora è "con autismo" o "affetta da autismo". Il movimento Identity first si batte per l'utilizzo delle parole corrette e per la definizione di autistico al posto di "con autismo". Io condivido questa posizione, vorrei che almeno chi usasse "con autismo", come se l'autismo fosse un accessorio e non parte della persona stessa, poi di contro usasse "con condizione tipica" per definire chi autistico non è. Questo non accade.

Tra le innumerevoli conseguenze di questo atteggiamento mentale c'è anche l'idea, immediatamente conseguente, che la "cura", il tipo di intervento o la terapia per l'autismo sia "una".

Questo è il clima culturale e in questo clima si promuove la standardizzazione.

Con queste premesse l'opinione del tecnico che ha veramente compreso cosa sia l'autismo non potrebbe mai essere del tutto positiva in merito agli interventi di modellamento comportamentale standardizzati che mirano alla normalizzazione. La confusione aumenta nei casi in cui in alcuni testi o percorsi le posizioni e informazioni corrette siano mescolate a concetti inadeguati e pericolosi. Questo è qualcosa che purtroppo puntualmente ancora avviene.

Volendo ad esempio considerare la standardizzazione dell'educazione emotivo affettiva nell'autismo andrebbero valutati almeno altri tre aspetti inquietanti:

1) l'educazione emotivo affettiva non può essere codificata come se fosse un corso per prendere la patente di guida

2) I principi del percorso educativo vanno insegnati agli educatori, non agli educandi, alle esigenze dei quali poi ogni educatore adatterà quei principi in base ad esigenze e potenzialità individuali e contestualizzate alle circostanze contingenti

3) Una contraddizione in termini è determinata dall'assunto di un riconoscimento del ruolo del messaggio visivo e, contemporaneamente, dalla scelta di codice visivi in genere castranti, riduttivi, "da addestramento" di alcuni programmi noti sull'argomento.

Ogni percorso di tipicizzazione dell'autismo è una aberrazione, la commercializzazione di "set" o pacchetti standard per l'apprendimento di comportamenti considerati socialmente adeguati nella cultura tipica è un concetto che non è tollerabile nella sua stessa sostanza, è come considerare di mettere in brevetto un set per fare la madre, il modo in cui questi strumenti vengono pensati ed usati nel mondo anglosassone e che sta prendendo spazio ovunque per la GESTIONE del "PROBLEMA (percepito) AUTISMO" è del tutto equivalente all'approccio frenologico sulla base del quale si poggiava la teoria della superiorità della "razza" ariana. Se poi si pensa allo scempio di chi si pone come rappresentante delle "tecniche" di normalizzazione e modellamento degli autistici, o meglio del comportamento degli autistici, si può solo, se si possiede un minimo di etica, dissociarsi da tutto quello che ruota intorno ad un mercato simile.

L'educazione emotivo affettiva e lo shaping rispettoso, apprendimento di valori e significati da attribuire a segni e gesti e il percorso per individuare segnali che permettano di orientarsi in contesi diversi per favorire l'adattamento più funzionale in base alle potenzialità individuali, e sempre in cooperazione con la rete che deve impegnarsi a compiere l'altra parte del percorso di compromesso, è faccenda ben diversa rispetto all'utilizzo schematico di un codice strutturato in schede dalla grafica umiliante che seguono regole rigide pensate da una prospettiva tipicocentrica per tipicizzare chi non lo è. In tutti questi "programmi" non esiste nessuna "quota Blu", non ci sono autistici al tavolo delle decisioni, questo dato, da solo, dovrebbe far riflettere.

L'educazione alle emozioni (riconoscimento, comunicazione e adattamento/gestione) o il percorso di evoluzione cognitiva che può partire da elementi comportamentali sui cui applicare di pari passo quella cognitivo-emotiva è una cosa diversa, che non può essere "brevettata", nel momento in cui il professionista ritiene di poter "comprare" un programma standard dovrebbe porsi delle serie domande sulla propria professionalità, competenza, ed etica.

Inoltre è sempre importante ripetere che, nel caso di tutti quei progetti che modellano solo il comportamento, un risultato di sola forma rappresenta un nodo cognitivo la cui manifestazione può arrivare ad essere camuffata al punto da generare un danno cognitivo o emotivo senza che questo possa essere percepito se non dalla persona che direttamente vive il disagio. Un lavoro mirato a modificare il segno senza cambiare la sostanza è un lavoro pericoloso che ha effetti orribili nella vita vera di persone reali, concretamente, ogni giorno.

Non sapere non è una colpa, accorgersi di non sapere senza rimediare invece lo è.

Voler rimediare ad una carenza è, al contrario, un grande merito. Come modificare dunque comportamenti disfunzionali?

Il primo passaggio è cercare di capire cosa segnalano, qual è la funzione del segno in partenza. Seppure disfunzionale nel suo effetto e nella manifestazione ogni comportamento ha una sua intrinseca funzionalità in origine. Un esempio per tutti può essere il comportamento che segnala un disagio. Spesso il motore che sostiene e mantiene potentemente i comportamenti reattivi che segnalano un disagio è dentro l'emotività e dell'emotività mantiene le caratteristiche di irruenza. Durante l'emissione poi l'interferenza tra percezione di "Miglioramento" dello stato (sto meno peggio di quando non scarico) distorce la rotta comunicativa e il segno diventa un ibrido tra segnale intenzionale ed effetto di dinamiche reattive vere e proprie. Quando assistiamo ad una emissione comportamentale così intensa siamo già ampiamente in ritardo e l'unico intervento possibile a quel punto è di tipo contenitivo, il cosiddetto intervento "toppa". Meglio sarebbe, e di fatto lo è, intervenire durante la fase appetitiva, quando l'azione è ancora intenzione e non ancora emessa. Per farlo è necessario apprendere strategie di osservazione che permettano di fare le corrette associazioni causa-effetto, solo in questo modo i trigger (elemento di innesco, letteralmente "grilletto") potranno essere individuati e l'innesco evitato o gestito con strumenti adeguati.

Per ricordare:

La scelta della strategia a quel punto è varia, si può decidere di evitare il trigger, o si può scegliere di evitare di arrivare all'esposizione al trigger esausti e impossibilitati ad utilizzare le risorse apprese o che si possono apprendere (evitare il sovraccarico sensoriale ad esempio), si può scegliere di fornire strategie utilizzabili per convogliare correttamente le reazioni, individuandole e gestendole attraverso un lavoro cognitivo che inclusa sbocchi concreti comportamentali compensativi.

Mettere un cuscino tra la testa e il muro insomma non è mai una soluzione, è importante capire cosa porta a percepire più vantaggioso sbattere la propria testa contro un muro rispetto ad altro. Cosa è questo "altro"?

L'adattamento è un sistema di apprendimenti e competenze di flessibilità, valutazione ambientale e calcolo della risposta che ha la maggiore probabilità di successo. Si tratta di modifiche che non coinvolgono necessariamente solo il comportamento, anche se spesso è così, ma anche il tessuto di credenze, pensieri e chiaramente di emozioni che lo determinano. Tutto questo processo non è immediato e richiede un carico notevole di risorse in termini di energia mentale, assorbimento della frustrazione e orientamento. L'orientamento, anche parziale, può consentire un adattamento sufficiente ad un miglioramento della percezione.

La valutazione del compromesso tra costo e beneficio determina la scelta di adottare un comportamento che amplifica il margine di probabilità di vantaggio in una determinata situazione nota. Quando questo schema comportamentale, come spesso accade, deve essere messo in atto applicando strategie che non rendano visibili gli effetti del costo in termini di risorse mentali dell'esposizione a stimoli inadeguati, lo sforzo aumenta in modo esponenziale. Più ci si deve impegnare a non mostrare il segno del disagio più grande sarà l'impegno in termini di energia mentale ma anche maggiore sarà poi la tollerabilità almeno apparente a variazioni e sollecitazioni che ingaggiano il sistema percettivo e tutte le dinamiche ad esso correlate.

Quando un autistico impara ad esempio ad emettere in modo apparentemente naturale comportamento come stringere la mano tollerare lo sguardo diretto, sopportare il chiasso o altri elementi fisici intensi presenti in un determinato ambiente, le sue risorse mentali saranno quasi completamente investite in tale attività che rappresenta, di fatto, una vera e propria serie di azioni impegnative per le quali non esiste subroutine e che devono essere praticate con una focalizzazione a massimo regime.

L'apprendimento di strategie che permettono un "mascheramento" dei sintomi di disagio ha sempre un costo in termini di performance, in termini di espressione del potenziale cognitivo e anche in ambito emotivo. Quando questo insieme di strategie viene praticato con costanza si parla di vero e proprio stato di stress.

Gli effetti di questo stress sono purtroppo piuttosto negativi sia sull'organismo in senso fisico che in merito agli aspetti mentali e di risorsa.

In alcuni casi ad esempio la pressione sulla focalizzazione su obiettivi neurotipicamente sociali da un lato può determinare risultati ritenuti soddisfacenti dal punto di vista delle manifestazioni affettive e dell'interazione intesa secondo i parametri della cultura tipica, dall'altro però può essere alla base di un peggioramento di altri aspetti associati al sistema sensoriale, come ad esempio la selettività alimentare.

Di seguito un esempio reale di suggerimento di intervento per un bambino con severa selettività alimentare:

Il piccolo Marco, intelligente, molto amato, molto seguito, di grandissima sensibilità, purtroppo ha già subito il prezzo dei fraintendimenti culturali che non sono colpa di nessuno ma che purtroppo il bambino si è trovato a fronteggiare, tale carico percettivo ha esasperato una situazione di ipersensorialità legata ai sensi del gusto, del tatto e dell'olfatto tale da rendergli penoso l'essere esposto a stimoli alimentari.

Purtroppo, come sappiamo bene, non si può introdurre nutrimento in modo sano e libero senza essere esposti agli stimoli associati al cibo. Il cibo, costituito da molecole che verranno trasformate all'interno del nostro corpo e diverranno parte di esso o verranno poi scartate dopo essere state trasformate, deve necessariamente passare per canali che coinvolgono direttamente e intensissimamente questi sensi.

Anzi, è proprio per il cibo e l'alimentazione, anche, che gusto, tatto e olfatto si trovano proprio coinvolti direttamente nell'assunzione di cibo e bevande. Mediamente è un buon odore che "invoglia" a nutrirsi, un buon sapore, una consistenza intrigante.

Nel caso di Marco questi canali sono sensibilissimi, arrivando alla soglia del disfunzionale.

Cosa significa? Significa che gli stimoli che arrivano al suo cervello attraverso gli organi di senso specifici legati all'alimentazione, già in entrata sono una mole enorme. Dobbiamo immaginare che il sistema recettivo gli faccia percepire l'odore di un piatto di lasagne al forno come una vera e propria invasione, un assalto di stimoli intensi, fortissimi e in enorme quantità, tali da mandare in tilt il sensoriale e percettivo intero. Se poi immaginiamo che tale sistema è già sovraccarico perché deve elaborare una serie di informazioni di altra natura presenti in ambiente e che non può sganciarsi da tale elaborazione fino a che non l'ha portata a termine, forse è più facile capire come mai il bambino non riesca a mangiare con serenità.

A questo si aggiunga che l'abitudine ad introdurre solo pochi cibi per lui percepiti come meno intollerabili determina che un cambiamento, per quanto necessario e graduale, resta pur sempre un cambiamento e come tale lo costringe a tutto quello sforzo di adattamento che coinvolge le dinamiche di inventario e riadattamento continuo totale dei dati che appartiene all'autismo.

Ecco perché è così importante, per la salute e il benessere del bambino, che si ponga particolarissima attenzione a tutto il resto se si vuole favorire un cambiamento funzionale e sano nella sua alimentazione.

Se il sistema di tolleranza si abbassa e la sovrastimolazione genera fatica e il cambiamento, la confusione generano allarme (va ricordato che il sistema di allarme nell'autismo è diverso rispetto a quello della condizione tipica), il bambino già alle prese con una raffinatezza sensoriale importante, non ha scelta se non quella di "rifugiarsi" nella selettività alimentare. Ecco perché il sintomo, emerso e registrato come "problema" è invece da considerarsi come "la punta di un iceberg" (cfr. Theo Peeters) e quindi solo il segno di tutta una dinamica sottostante che non viene facilmente individuata.

Più si tenta di "affondare" la punta dell'iceberg più quella emerge più larga. É invece il cuore, l'origine del sintomo che va analizzato. Infatti il lavoro impostato ha ottenuto quei successi rapidi importanti e visibili, come ogni buon programma Cognitivo Comportamentale fa, proprio perché è andato a sciogliere il nodo dove si era formato. In meno di quattro settimane dall'inizio dell'intervento domiciliare, grazie all'impegno della famiglia che ha mantenuto coerenza e gradualità, inserendo a scuola poche, importanti variazioni, senza mai affrontare l'argomento alimentazione in modo diretto,

Marco ha spontaneamente introdotto una decina di alimenti fino a prima dell'intervento per lui intollerabili.

Dove era il "Nodo"? Il problema era nell'incompatibilità dei metodi e dell'organizzazione con le esigenze del bambino.

Adattando il sistema ai bisogni del bambino lo sforzo dell'adattamento si è ridotto permettendo che le risorse venissero convogliate nella gestione degli stimoli in entrata associati al cibo. In questo caso i miglioramenti nel comportamento e soprattutto nella manifestazione del picco sintomatico sono stati repentini, anche se questo non vuol dire che la selettività alimentare sia risolta.

Scrivo di seguito un elenco puramente a scopo orientativo delle strategie messe in atto:

1. Anticipare in modo comprensibile
2. Programma visivo
3. Regole chiare
4. Riferimenti sociali stabili
5. Compiti sostenibili
6. Tutela da sovra stimolazione sensoriale (mensa)
7. Organizzazione delle attività di defaticamento
8. Mediazione effettuata da figura di riferimento stabile
9. Coerenza di metodo tra i docenti delle diverse materie
10. Utilizzo di linguaggio non ambiguo e attenzione alla interpretazione letterale.

Cosa significa nel concreto?

Nella tabella alcuni esempi sintetici:

Suggerimento	Esempio pratico
Anticipare in modo comprensibile	Il sistema percettivo e di comunicazione delle persone in condizione tipica si basa prevalentemente su indicazioni implicite e non verbali. Si potrebbe dire che le persone tipiche sono simili a viaggiatori che hanno sempre accanto una schiera di guide turistiche. Ad esempio se la maestra dice "Ancora cinque minuti e poi vi mando a giocare" un bambino tipico capisce che intende dire che appena finito quello che stanno finendo, entro breve, potrà andare a giocare. Lo capisce perché usa la lettura dell'implicito e perché legge i segnali non verbali della maestra stessa e dei pari. Tale sistema di informazioni non può essere letto dalle persone autistiche, perché, come abbiamo visto, il sistema è impegnato a fare altro. Quindi l'informazione arriva ad un bambino autistico come arriverebbe ad un computer. Cinque minuti sono letteralmente cinque minuti. Questo potenzialmente può generare ansia o disagio perché il bambino potrebbe calcolare che in cinque minuti non riesce a finire il compito, o perché cinque minuti passano e non è andato ancora a giocare quindi deve rifare un inventario faticoso di tutto quello che accade ecc.... Per evitare questo stress (per il bambino autistico è uno stress enorme, come lo sarebbe la situazione speculare per il bambino tipico) è buona regola anticipare ed ESPLICITARE quello che si comunica, cioè fornire al bambino autistico una guida adeguata al suo sistema, proprio come quelle che hanno i bambini tipici.
Programma visivo	Uno strumento utile per fornire regole comprensibili e anticipare le attività è il Programma Visivo. Un elenco scritto o con immagini di quello che succederà. Ci sono delle regole per gestirlo (stabilire come e quando effettuare eventuali cambiamenti, associare cambiamenti e attività meno gradite a vantaggi percepiti, organizzare piani B e flessibilità). Il programma visivo è utilissimo anche con i bambini che hanno grande potenziale cognitivo e che potrebbero capire anche senza programma
Regole chiare	Rendere le regole comprensibili scrivendole, snellendole, ricordando che le eccezioni vanno giustificate e rese riconoscibili ecc....
Riferimenti sociali stabili	Come ogni bambino il bambino autistico ha bisogno di essere guidato e il ruolo degli affetti e delle figure di riferimento è determinante. Come ogni bambino anche per il bambino autistico è rassicurante sapere di poter contare su qualcuno in particolare
Compiti sostenibili	La frustrazione, in tutti, genera sconforto e inibisce l'investimento favorendo al contrario la chiusura. Marco non deve sentirsi emarginato o diverso perché esonerato da compiti e consegne, ma deve poter essere messo nella condizione di eseguire le consegne richieste. È quindi importante adattare le richieste in modo che siano sostenibili, cioè che lui possa eseguirle gratificandosi e associando alla scuola emozioni positive e di vantaggio
Tutela da sovra stimolazione sensoriale (mensa)	Il momento della mensa scolastica rappresenta il tripudio della sovra stimolazione acustica, olfattiva, gustativa e sociale. Sconsiglio vivamente di far partecipare il bambino alla mensa, fase che potrebbe determinare continue regressioni nell'ottica del raggiungimento degli obiettivi legati a questo intervento con questo particolare obiettivo

Organizzazione	Le attività di defaticamento sono necessarie alla mente proprio come lo sono per il corpo. Non si può pensare normalmente di andare a correre dopo aver fatto dieci piani di scale. Sappiamo che per Marco ogni compito richiede un coinvolgimento di molte risorse, per questo è buona regola stabilire a priori e poi rispettare tabelle con frequenti pause in cui possono essere inserite attività di "defaticamento", ossia attività facilissime. Tali attività hanno funzione di rilassare e rassicurare. Mediamente un suggerimento può essere quello di dare un compito di un livello inferiore, ad esempio un compito che potrebbe essere adeguato per un bambino lievemente più piccolo, ma con delicatezza, in modo che non appaia come una retrocessione ma come un "ripasso", una conferma di abilità acquisite
Mediazione effettuata da figura di riferimento stabile	Mediamente il bambino così seguito manifesta un cambiamento e un benessere repentino, in base alla mia esperienza è spesso il sistema scuola ad avere maggiori difficoltà di adattamento. Questo accade sia perché così come è difficile per il bambino autistico comprendere il sistema tipico è *specularmente difficile per i tipici comprendere il sistema autistico* e questo genera inevitabilmente fraintendimenti, anche in totale buona fede. Ma soprattutto cambiando materie e docenti è facile che capiti che un docente non sappia cosa accaduto nell'ora precedente e che possa, senza volerlo, incappare in una incoerenza. Per questo sarebbe importante almeno in fase iniziale, che ci fosse una figura di mediazione tra bambino e classe/docenti, in modo da garantire coerenza e continuità
Coerenza di metodo tra i docenti delle diverse materie	L'aspetto di coerenza è quello forse più importante. In questo intervento che va a toccare corde tanto delicate elementi di incoerenza e disomogeneità di metodo possono rappresentare potenziali disastri. Più il bambino sarà fiduciosamente proteso verso la rilassatezza, maggiore sarà poi la chiusura se tale rilassatezza porterà uno svantaggio. Il margine di probabilità di regressione e ricomparsa del sintomo, anche in forma peggiorata, aumenta notevolmente in presenza di incoerenza di metodo. Un buon suggerimento potrebbe essere quello di tenere un diario di classe e concordare strumenti e metodi prima di applicarli, scegliendo quelli più funzionali per lui piuttosto che quelli che per abitudine o scelta professionale, vengono generalmente utilizzati dai singoli docenti
Utilizzo di linguaggio non ambiguo e attenzione alla interpretazione letterale	Ricordare sempre che nell'autismo l'utilizzo del linguaggio segue criteri di letteralità, le informazioni devono quindi essere veicolate tenendo presente questo. Ad esempio l'espressione "Poi vediamo", può generare confusione. Anche se il bambino non manifesta in quel momento una reazione di disagio, è facile che l'elaborazione e l'adattamento a quel "poi vediamo" (poi quando? vediamo cosa? cosa si farà? come lo si farà? io cosa devo fare?) lo impegni tanto da interferire, nei modi illustrati sopra, con l'alimentazione

In particolare:

È importante che si organizzino e coordinino tutti i professionisti della rete della presa in carico, per strutturare un programma scritto e definitivo. Sarebbe poi necessario sostenere il passaggio e organizzarlo in modo che sia:

1. graduale
2. anticipato
3. coerente

4.   regolamentato

5.   compensato (da attività funzionali percepite dal bambino come vantaggiose)

6.   accompagnato da lavoro cognitivo specifico

Uno degli obiettivi del percorso è favorire le autonomie, ma poiché è facile fraintendere, dato che generalmente si fa riferimento al funzionamento tipico, per il quale potrebbe a volte bastare uno stimolo sostenuto da ambiente favorevole spontaneo per generare sviluppo, ritengo sia utile esplicitare che al contrario nell'autismo se vogliamo favorire il distacco dallo schema dobbiamo fornire uno schema sempre più complesso, dettagliato e puntuale.

In particolare per favorire le autonomie è importante considerare quanto segue:

Il lavoro per la struttura delle autonomie è imprescindibile da quello programmato e messo in atto con precisione, obiettivi e costanza, per strutturare il Prerequisito all'autonomia, che è: una base solida coerente per favorire prima l'orientamento, la sperimentazione (apprendimento attraverso la prassi) e la sicurezza. Senza questa base l'autonomia non arriverà mai, e pericolosi strascichi, potenzialmente invalidanti (si pensi solo alla selettività alimentare), potrebbero assumere carattere di permanenza. Pertanto, condicio sine qua non per favorire lo sviluppo delle autonomie, è necessario abbondare con gli strumenti di aiuto in questa delicata fase. Strumenti insostituibili di aiuto andrebbero ad esempio considerati: il Programma, dettagliato e puntuale, i Programmi per eventuali variazioni inevitabili, le Regole e soprattutto i Rinforzi correttamente amministrati. Stimolare una presunta autonomia senza aver strutturato e fissato i prerequisiti equivale a stimolare a camminare qualcuno che ha una gamba fratturata senza aver ridotto la frattura, senza aver messo il gesso e senza aver atteso che si formasse il callo osseo. La mente funziona come il corpo.

Come potrebbe essere strutturato un insieme di regole per la gestione degli imprevisti?

Di seguito alcuni criteri orientativi:

REGOLAMENTO IMPREVISTI:

É importante stabilire regole per INDIVIDUARE e quindi poi poter GESTIRE eventuali imprevisti.

Un suggerimento potrebbe essere quello di realizzare un cartellone o un foglio che poi sarà plastificato ed esposto in cui sono elencate alcune caratteristiche degli imprevisti.

Assieme ai segnali che indicano che la situazione è imprevista va realizzato un secondo documento, sempre "importante" in cui sono elencate le "REGOLE DEGLI IMPREVISTI":

I. Restiamo calmi e per aiutarci individuiamo una attività che ci aiuta a calmarci o un posto sicuro e conosciuto da almeno un adulto responsabile, che ci aiuti a calmarci;

II. Guardiamo o ricordiamo dopo averlo studiato il cartellone/foglio con le caratteristiche degli imprevisti e usiamo le informazioni per capire bene in che situazione ci troviamo e cosa dobbiamo fare;

III. Chiediamo all'adulto responsabile di aiutarci;

IV. Controlliamo le regole elencate e calcoliamo insieme all'adulto responsabile se sono attuabili:

V. Se le regole non sono attuabili organizziamo insieme un PROGRAMMA ALTERNATIVO per iscritto o comunque realizzando un documento concreto.

Come azione preventiva organizzare delle simulazioni.

Si raccomanda vivamente di svolgere un paio di simulazioni con la collaborazione di tutta la classe (bastano circa 15 min.). Solo nel caso in cui non fosse possibile causa forza maggiore si dovrebbero organizzare simulazioni almeno con l'aiuto dell'insegnante di sostegno, se preparata.

Realizzare le simulazioni con tutta la classe è da preferire ed è sicuramente la scelta migliore per i seguenti motivi:

Favorisce l'integrazione.

Evita al bambino con BES la sensazione negativa di essere diversi.

Riduce il margine di probabilità di esposizione al bullismo.

Può essere inoltre un modo per fornire a tutto il gruppo classe gli strumenti utili per gestire gli imprevisti.

9. L'importanza del compromesso culturale

Approcciare la neuro diversità con l'idea di fornire modelli di adattamento solo per i neuro diversi è un atteggiamento lontano dal compromesso e dall'effettiva sostenibilità dei programmi di inclusione e integrazione.

In letteratura si trovano sempre più spesso manuali per adattare l'autistico alla scuola, alla sessualità, alla socialità, sempre e soltanto intesa come socialità tipica, dando erroneamente per scontato che non esistano criteri diversi per concepire l'interazione e la comunicazione umana. Non esistono testi o corsi per permettere l'adattamento reciproco. Non esistono corsi mirati per formare in modo che sia favorito il cambiamento paritario e nella quasi totalità dei programmi e dei suggerimenti di intervento non è considerato il ruolo della rete.

In realtà gli unici risultati veramente di successo sono quelli che includono percorsi paralleli sia per l'intervento diretto per la persona autistica che manifesta necessità di sostegno che per la sua rete. Nel micro sistema familiare non considerare le dinamiche relazionali e non includere percorsi di correzione in sistemi di interazione così coinvolti è una carenza inaccettabile. Allargando la rete il lavoro a scuola, in istituto e poi nel tessuto sociale, incluse aziende per l'inserimento lavorativo, dovrebbe tener conto del compromesso come passaggio necessario per l'arricchimento reciproco e come valore.

Diverse ricerche dimostrano come la statistica dell'inclusione lavorativa delle persone autistiche, in particolare quelle effettivamente qualificate, è sconfortante. Una ricerca canadese del 2012 calcolava che il 70% degli autistici non era inserita nel tessuto lavorativo, recenti statistiche inglesi correggono il dato portandolo alla spaventosa misura dell'86% (National Autism Indicators report published by Drexel University's Autism Institute, 2018), si considera l'autismo come un peso sui contribuenti, tanto che la diagnosi è motivo di negazione del visto per fini diversi da quello turistico, ma parallelamente si organizzano, come in tutto il resto della cultura occidentale, corsi di formazione per la preparazione e il superamento di colloqui di lavoro in cui fornisce un training per poter emettere al meglio tutti i messaggi migliori per indicare attraverso impliciti e non verbale elementi che favoriscano l'assunzione. Questa incoerenza è per me incomprensibile. L'intero sistema va assumendo un profilo che allontana la possibilità di un reale inserimento degli autistici. Come potrebbe tutto questo non determinare nelle persone autistiche tutte quelle manifestazioni di disagio che tanto sono mal tollerate da tutti?

Come mai nella storia non è mai emersa prima come aspetto di disagio la caratteristica dell'insieme dei cosiddetti comportamenti problema che comunemente vengono associati all'autismo?

L'Apprendimento di criteri di una cultura diversa, come una seconda lingua, è l'unica strategia davvero rispettosa, per tutti. Prima di apprendere i criteri della socialità, interazione e comunicazione secondo la cultura neurotipica ogni autistico dovrebbe essere aiutato a capire come diventare un buon autistico, dovrebbe crescere sicuro di sé stesso, pienamente capace di individuare gli aspetti di risorsa di ogni tratto che ne caratterizza il profilo e sviluppare fiducia in sé stesso e nella rete. E dovrebbe poter conoscere e sperimentare in maniera guidata, educata, anche i criteri della socialità, interazione e comunicazione secondo la cultura autistica.

Le cosiddette storie sociali dovrebbero ad esempio essere sempre speculari e l'addestramento alla versione autistichese dovrebbe venire svolto dai componenti tipici della rete. Altrimenti non ha senso.

Storia Sociale	Criteri della Cultura Autistica su cui organizzare i passaggi delle storie sociali (Simulazione effettuata da tutta la rete, sempre PRIMA dell'altra versione se il diretto interessato è un bambino o una persona in condizione di particolare vulnerabilità)	Criteri della Cultura Tipica su cui organizzare i passaggi delle storie sociali. Raccomando di SOSTITUIRE tutti gli imperativi che danno per scontato che le regole i criteri siano solo questi con frasi che ESPLICITINO che si tratta di valori della cultura tipica**
Maria e Carla mi incontrano e mi chiedono se il nuovo vestito di Maria mi piace	Il vestito non mi piace. Posso comunicarlo. Devo ricordare di non essere aggressivo. Posso suggerire una modifica o tentare di spiegare cosa non mi piace.	Il vestito non mi piace ma devo ricordare che Maria potrebbe sentirsi triste se glielo comunico. Posso individuare la risposta dentro di me come pensiero e tenerla come pensiero. Devo ricordarmi che una cosa gradita a Maria è ricevere complimenti, posso trovare una caratteristica di Maria che considero gradevole e parlare di quella.
Guardare mentre si parla	Guardare mentre si parla è da evitare in particolare se sono presenti persone neurodiverse ma anche se interagisco con persone timide. É una cosa utile allenarci tutti a interagire senza guardarci, facendo attenzione alla cura che usiamo nel selezionare le parole. Mantenere anche una certa distanza ed evitare il contatto è segno di rispetto. (Fare esempi pratici e simulazioni che utilizzino linguaggio puntuale, ad esempio. *"Il libro verde prato sulla terza mensola che in copertina una immagine di fatto è quello che cero c, prendimelo, per favore"* è meglio di *"C'è per caso quel libro col gatto d qualche parte?"*)	Guardare mentre si parla è una necessità di molte persone tipiche. Imparare, per quanto possibile, a sopportare il disagio dello sguardo diretto è una azione rispettosa. Bisogna ricordare di cercare di mantenere un poco di attenzione anche a quello che viene detto, anche se siamo impegnati nell'azione di guardare. Possiamo chiedere che l'informazione venga ripetuta. Se questa azione ci fa sentire a disagio possiamo chiedere di interromperla, l'importante è farlo in modo delicato, senza offendere l'interlocutore.

**sulla comunicazione dell'appartenenza alla condizione autistica come elemento da "Non rivelare" al bambino o al ragazzo la mia posizione è molto rigida sull'argomento: non ha senso. Non tutela in nessun modo e non esiste motivo al mondo per non rivelare un dato così neutro.

Inoltre non può esistere nessun intervento educativo o terapeutico che possa avere probabilità di successo se il presupposto è quello della negazione di identità e quindi della ingiustificabilità delle dinamiche.

Sarebbe possibile spiegare ad una ragazzina innamorata della compagna tutto quello che sente senza metterla al corrente che esiste una alternativa alla eterosessualità?

Tutti gli autistici sanno di essere diversi. Non ha senso impedire loro l'accesso alla conoscenza.

Ci si impegni piuttosto a lottare contro l'utilizzo di termini offensivi per l'autismo, in modo che i nostri ragazzi siano tutelati e rispettati quando accedono alle informazioni a disposizione di tutti.

Se un bambino neurotipico crescesse continuamente disconfermato e corretto, immerso in una realtà che nega la sua identità e che è piena di persone diverse da lui, costantemente stimolato affinché il suo comportamento si modelli a quello autistico, forzato a memorizzare elenchi di dettagli, a catalogare, a non emettere e non leggere segnali non verbali, ad utilizzare parole mai approssimative a restare focalizzato su ogni argomento fino allo sfinimento, se venisse frustrato o addirittura punito ogni volta che non riesce, ogni volta che utilizza lo sguardo con intenzione comunicativa, ogni volta che generalizza, come potrebbe crescere sano, sicuro di sé, sentendosi amato e competente?

Questo è quello che succede ogni giorno da trent'anni ai bambini autistici in occidente. I bambini autistici smettono di essere bambini, diventano contenitori di un male da estirpare e passano l'infanzia in centri di addestramento in cui vengono disconfermati e rinnegati e il loro sentire negato o minimizzato. Cosa accadeva prima?

Un interessante spunto di riflessione potrebbe essere fornito dalle considerazioni in merito agli stravolgimenti sociali e culturali degli ultimi decenni, rivoluzioni tali da portare, in un paio di generazioni, tutti gli autistici funzionali di occidente a scontrarsi con cambiamenti talmente privi di attenzione alle esigenze della neurodiversità da arrivare a manifestare tutto l'insieme di sintomi che erroneamente viene identificato con la condizione stessa. La seguente tabella ha il solo scopo di favorire riflessioni e non intende in nessun modo negare l'importanza di alcuni aspetti di evoluzione degli ultimi decenni.

Schema riassuntivo:

Abitudine	In passato	Nel presente
Alimentazione	Si assumevano quasi costantemente gli stessi alimenti, preparati allo stesso modo, consumati allo stesso modo e in compagnia delle stesse persone.	L'alimentazione è varia, non esistono regole precise, si consumano cibi in luoghi e circostanze diverse, spesso in compagnia di persone diverse.
Igiene personale e abbigliamento	Ci si lavava solo in occasioni particolari, attraverso rituali particolari, i privilegiati possedevano vesti da giorno e da notte o abiti per le occasioni, la maggior parte della popolazione indossava costantemente gli stessi capi, con i quali, tolti gli accessori, spesso si coricava anche	L'attenzione all'igiene è intensa, è considerato normale lavarsi e cambiarsi tutti i giorni
Illuminazione	Il sole era la fonte di illuminazione principale, in alcune case era presente da pochi decenni l'energia elettrica, l'illuminazione con lampade e candele non era violenta e sollecitante	L'inquinamento luminoso è uno dei problemi ecologici di maggiore impatto, non solo perché estremamente sollecitante per l'autismo chiaramente, ma perché ha effetti concreti sull'ecosistema e il comportamento di altri animali
Rumore	Il silenzio era un elemento quotidiano in ogni ambito di vita	L'inquinamento acustico come quello luminoso è intenso e determina effetti simili al primo
Ritmi	I ritmi di vita erano lenti	I ritmi sono frenetici non solo in ambito di lavoro ma anche in casa, negli studi, nelle richieste di performance
Studio	I privilegiati potevano dedicarsi allo studio e questo era organizzato per schemi e ordini. Le raccolte di dati enciclopediche erano considerate fondamentali e le specializzazioni comuni e incoraggiate. Emergere per competenza era un merito ("Professorino" di Hans Asperger)	L'accesso alla cultura nozionistica è diffuso, la didattica organizzata stimolando generalizzazione, correggere o puntualizzare è considerato un elemento di disturbo (secchione, Nerd, perdente)
Lavoro	L'effettiva competenza era il primo requisito richiesto, associato alla dedizione al lavoro e all'affidabilità	Flessibilità estrema, competenze relazionali tipiche eccellenti, adattamento e doti di spigliatezza sono determinanti per il successo nell'inserimento lavorativo, in alcuni casi prima ancora dell'effettiva competenza

In particolare:

Interazione sociale	Il ruolo sociali a cui era associato un preciso codice di utilizzo di parole e tempi, era esplicitato, le regole sociali erano veicolate in modo inequivocabile (Grandin, 2014)	L'interazione è sempre più complessa, tanto da rendersi difficile e problematica anche per neurotipici stessi
Comunicazione	La comunicazione attraverso uno scambio epistolare poteva avvenire con risposte dopo mesi. L'utilizzo di parole precise era considerato desiderabile ed elemento di distinzione	Gli scambi avvengono in tempo reale, attraverso canali pubblici che sottostanno ad approvazione ed hanno conseguenze pubbliche di gruppo. Le puntualizzazioni sono considerate negativamente

Usare le caratteristiche dell'autismo come risorsa e non considerarle un ostacolo all'apprendimento è la base di ogni approccio adeguato, persino nelle condizioni severamente compromesse

Da ricordare:

• Come mantenere intatti i picchi di competenza? I picchi di competenza sono predisposizioni naturali presenti nel cervello autistico, rappresentano una innata tendenza ad apprendere e padroneggiare un determinato ambito sia esso logico matematico, verbale, artistico. Sono sempre presenti nel sistema autistico anche se NON sempre tali picchi corrispondono ad effettivi e sensazionali Talenti. Il picco va considerato tale relativamente all'insieme delle competenze. Affinché rimanga intatto e possa svilupparsi assumendo caratteristica di fruibilità è importante che durante il percorso di acquisizione di conoscenza dei criteri di interazione e comunicazione tipica questi vengano sostenuti da allenamento e strategie tecniche. Senza questo supporto saranno perduti irreversibilmente. É importante ricordare che persi i picchi non si diventa tipici, si resta autistici, mutilati a livello cognitivo e quindi neurologico. Si tratta quindi di un dato estremamente importante.

• Ricordare e favorire l'utilizzo di fasci di materia bianca organizzando percorsi didattici e di apprendimento che permettano il funzionamento ON/OFF senza traumi. Organizzare quindi piccoli traguardi per favorire il passaggio ad altro e favorire sempre argomenti concatenati tra loro.

• Utilizzare l'hunting autistico: Hunting è il sistema di aggancio di interesse, mantenimento dell'attenzione e della motivazione e percezione di vantaggio associata alla conclusione e al raggiungimento dell'obiettivo. Ricordarsi di porre obiettivi programmati in itinere in modo che vengano identificati come soddisfacenti raggiungimenti e favoriscano lo sgancio per le pause e il riaggancio per la ripresa dei lavori.

• Ricordare che la rigidità va considerata come base per i percorsi di sviluppo della flessibilità, secondo il Principio della cotta di maglia (Un ragionevole compromesso, Boggio, Di Biagio, Mimesis, 2016).

•Utilizzare correttamente e rispettosamente gli agganci di interesse, cioè la competenza di convogliare la quasi totalità delle risorse mentali in un unico argomento e mai come "ricatto" per il raggiungimento di obiettivi. Ricordate che ad ogni autistico fa piacere parlare del proprio interesse ma utilizzare l'interesse per carpire informazioni o per agganciare una interazione che non è realmente oggetto di interesse per l'interlocutore è una abitudine che ferisce. È sempre importante approcciare rispettosamente   e delicatamente l'argomento di interesse degli autistici. In un programma educativo vanno sempre favoriti, sostenuti e rinforzati.

• Ricordarsi di organizzare sistemi educativi e di preparazione che favoriscano l'effettiva fruibilità degli interessi, in modo che si amplifichi il margine di inserimento sociale e di successo del progetto di vita.

Alcuni esempi:

Lo sport: da interesse a studio, poi pratica, agonismo, campionato, qualifica professionale.

Il sesso (nel mio caso personale): da strumento per avere un canale sociale, poi oggetto di studio, poi ambito professionale

Cani e cinofilia (nel mio caso personale): da interesse a studio, ad ambito professionale a cui si è associato, proprio e perché il cane esiste solo con l'uomo e con la relazione con l'uomo, l'espansione alla comprensione del comportamento umano e quindi studio dello stesso e ulteriore collocazione in ambito professionale.

Interferire con lo sviluppo di un interesse o tentare di estinguerlo è scorretto. L'interesse è il segno di un funzionamento nella sostanza del sistema e assumerà una forma. Questa forma può essere del tutto inutile o dannosa, come l'aggancio ad un argomento non collocabile in alcun modo nel contesto reale sia esso sociale o lavorativo, oppure strutturare le basi per un inserimento reale e potenzialmente sostenibile.

In genere purtroppo la tendenza a focalizzare l'interesse sulla socialità tipica genera autistici frustrati il cui potenziale è convogliato in un ambito che non padroneggeranno mai. Per poter padroneggiare i criteri della interazione e della comunicazione neurotipica ci vuole un cervello neurotipico e una competenza spiccata (Social Skills).

Anche impedire scarichi e attività come lo sfarfallare, il dondolare, il girare sono posizioni che generano immensa frustrazione. Inserire regole per la gestione privata di questi comportamenti è invece un compromesso tutelante e sostenibile che va però chiaramente veicolato in modo corretto e non come una strategia per "nascondere" qualcosa di "vergognoso". Non esiste nulla di vergognoso in questi comportamenti e non sono elementi predittori di fallimento o limite dell'esperienza di vita.

Girare intorno al tavolo nel mio caso è uno dei ricordi più belli del mio passato.

Ho cresciuto due figli, "da sola e contrastata dalla famiglia" (cit. "Natale in casa Cupiello", De Filippo), ho finito il percorso di studi, diploma, laurea triennale, laurea magistrale, Master e numerosi altri titoli di formazione personali accademici e professionali, sono membro accreditato di una delle maggiori associazioni professionali del pianeta, la British Psychological Society, ho fatto per anni la modella, ho viaggiato in venti nazioni diverse nel mondo e vissuto in tre di esse, ho letto migliaia di libri e visto innumerevoli film, ho un curriculum di più di trenta pagine, ho pubblicato libri e articoli, e alcuni studi con risonanza internazionale, ho partecipato a gare e concorsi, vinto premi, gestito una attività per più di due decenni, vinto cause terribili in Tribunale, subito e superato violenze indicibili, lotto come attivista per i diritti umani. Davvero, oggettivamente, non si può dire che investire anche alcuni anni della mia vita nell'attività di sistemizzazione ed evasione manifesta e favorita dal girare intorno ad un tavolo abbia in qualche modo impedito che io facessi esperienza di vita piena. Onestamente non credo che, restando obiettivi, si possa sostenere che io non abbia vissuto o che investire ore di giorni di anni della totalità delle mie attività da sveglia in quella che per la società tipica era un'attività senza senso e bizzarra mentre per me era un enorme lavoro di sistemizzazione, abbia in qualche misura determinato un intralcio per il mio sviluppo.

Chiaramente partivo con un bagaglio da sistemizzare che era di spessore e qualità.

Un ragazzo carico di rabbia e odio investirà nello strutturare schemi di difesa e vendetta. Ancora una volta non è il segno il problema, ma la sostanza. Non va impedito o contrastato il segno, vanno costruite le basi affinché la sostanza, che si esprime anche attraverso di esso, sia funzionale.

L'approccio ego sintonico con le proprie caratteristiche è fondamentale come sprone per l'acquisizione di apprendimenti. Ogni adattamento necessariamente attiverà tutte le dinamiche specifiche del sistema. Perché l'adattamento innesca l'attivazione delle funzioni per poterne modificare alcuni aspetti e concretizzarli in competenze acquisite. Se la reazione a tale iniziale attivazione è di resistenza e rifiuto tutto il percorso ne risulta inficiato. Al contrario innamorarsi di come si funziona è la base per godere di quel funzionamento ogni volta che si manifesta. Non solo non si ha paura ma si è attratti dalla possibilità di acquisire nuovi dati adattandosi senza rinnegarsi e stressarsi. Conoscere il funzionamento on /off offre la possibilità di disinnescare reazioni disfunzionali.

Seconda parte Tabelle e schemi

11. Esempi pratici: come organizzare un programma

Ogni programma necessita di prerequisiti, va poi presentato per gradi solo quando è stato fatto un lavoro per far maturare il potenziale, questo è importante per non associare a percezione di sforzo il cambiamento e per ridurre il rischio del non investimento sull'attività proposta. La percezione da associare alla consegna deve essere sempre di vantaggio.

I passaggi vanno strutturati con obiettivi minimi e raggiungibili, la fase della messa in atto dei singoli passaggi del percorso di apprendimento andrebbe pensata più come un "mettere in ordine" e ufficializzare competenze che, ognuna attraverso un canale individuale, sono già state acquisite e interiorizzate.

Una volta presenti nel bagaglio di informazioni metterle in ordine secondo uno schema sarà semplice.

Tale schema va presentato in anticipo attraverso passaggi brevi, semplici e finalizzati in modo chiaro e comprensibile. Al raggiungimento di ogni obiettivo va associato un vantaggio percepito intenso e di natura diversa rispetto all'argomento che è oggetto del percorso di apprendimento. I passaggi dovrebbero essere possibilmente visualizzati prima dell'esecuzione, questo è possibile attraverso foto, disegni, foto di singole sequenze mentre l'educatore le realizza come esempio o addirittura del diretto interessato mentre compie i singoli passaggi in sequenze che vanno rese come segmenti indipendenti prima di essere organizzate in chaining (concatenate).

Cosa sapere?

• Esiste una gerarchia nella percezione degli stimoli e delle informazioni

• Ci sono stimoli che innescano l'hunting ed è importante capire come fare in modo che l'attivazione sia funzionale allo sviluppo e all'apprendimento. Le informazioni vanno fornite con criterio e restare sul vago è sempre sconsigliabile

• Ogni singolo individuo ha caratteristiche uniche e irripetibili ma condivide con tutti gli altri autistici il funzionamento delle dinamiche di base, vanno quindi conosciute

• Lo spostamento dell'attività mentale (attivazione, aggancio, mantenimento di motivazione, percezione di necessità di concludere/raggiungere l'obiettivo) avviene come lo spostamento di un treno da un binario ad un altro. Se non cambiano le condizioni di partenza il ritorno all'argomento precedente riprenderà il discorso dal punto in cui era stato interrotto. Questo è un dato importante per organizzare strategie che tengano conto di una evoluzione cognitiva su aspetti che potrebbero assumere caratteristiche disfunzionali

• Intervenire con la tempistica scorretta può avere un effetto rinforzante del comportamento che si intendeva estinguere. Bisogna ricordare che per valutare come organizzare i rinforzi è necessario considerare la prospettiva di chi è destinatario del modellamento

• É importante considerare i segnali di disagio come alleati preziosi non come elementi da estinguere, solo l'assenza di segnali che avviene per emissione spontanea e non per modellamento forzato permette di comprendere lo stato emotivo reale del destinatario dell'intervento, in particolare questo è vero nelle condizioni più compromesse nelle quali può essere ridotta o assente competenza di metacomunicazione

• Meno il sistema è complesso più difficile modificarlo e più facile innescare resistenze, il sistema a cotta di maglia prevede lo sviluppo della flessibilità che si basa sulla complessità della rigidità di organizzazione di regole, concetti e sistemi e utilizza la struttura ipertestuale virtuale per estendere gli effetti a tutta la rete di "binari"

• L'intervento va sempre esteso a tutta la rete sociale. Il vissuto emotivo di rifiuto della famiglia o del contesto è sempre un elemento da non sottovalutare, fortemente disfunzionale e che va considerato come nodo del percorso di intervento, mai inferiore ad eventuali problemi percepiti associabili direttamente all'autismo

Metafora relativa al funzionamento:

Funzionamento neurotipico	Funzionamento autistico
Simile ad un elicottero	Simile ad un Aereo, un jet, un cargo
Vantaggi: è flessibile, può restare fermo in aria, può decollare in qualsiasi momento utilizzando spazi ridotti, può atterrare su aree molto ridotte e quasi ovunque, può cambiare rotta con estrema facilità	Vantaggi: può raggiungere notevolissime altezze, può raggiungere notevoli velocità, può caricare centinaia di passeggeri e bagagli, ha molta potenza
Limiti: non può raggiungere determinate altezze, non può raggiungere determinate velocità, non può caricare centinaia di passeggeri e bagagli, non ha molta potenza	Limiti: non è flessibile e necessita di un programma, non può restare fermo in aria, non può decollare in qualsiasi momento utilizzando spazi ridotti, non può atterrare su aree molto ridotte e quasi ovunque, non può cambiare rotta con estrema facilità

L'osservazione è alla base di un buon intervento.

Prima di stabilire cosa proporre è importante raccogliere informazioni che siano più dettagliate e complete possibile. Lo schema che utilizzo, quando posso, è quello di organizzare alcune ore di osservazione senza interferenza (con interferenza minima determinata dalla presenza fisica dell'osservatore), possibilmente in ambienti diversi e circostanze diverse, e, se possibile, assistendo a contesti in cui è probabile si manifesti la criticità segnalata.

A seguito dell'osservazione il professionista preparato redige una relazione dettagliata. La mia tirocinante, neurotipica, sa che deve compilare una relazione di diverse pagine per permettermi di avere un'idea di quello che ha osservato se non posso essere presente direttamente.

A seguito di alcuni colloqui diretti, osservazioni dirette o mediate, si può avere una idea più precisa delle necessità della rete.

Spesso le criticità nell'acquisizione degli apprendimenti dipendono dalla difficoltà di reciproca comprensione e dall'idea di considerare naturale o ovvio fare determinate associazioni una volta forniti input iniziali. Questo nell'autismo non avviene perché non esiste adattabilità delle norme, per rendere una regola flessibile infatti va pensata in modo che siano previste le alternative probabili. Di fatto è una imitazione della flessibilità, che però ha lo stesso effetto.

cosa sapere	Conoscere le basi del funzionamento autistico, come è organizzato il sistema sensoriale-percettivo, capire come leggere un comportamento e dove potrebbe essere il nodo nell'eventualità di una difficoltà negli apprendimenti
cosa osservare	Elementi nell'ambiente che potrebbero sovraccaricare sensorialmente interferendo con l'apprendimento, dinamiche di interazione che sono strutturate su presupposti di fraintendimento, su credenze o interpretazioni scorrette; Eventuali difetti di comunicazione che possano interferire nella comprensione dei significati
come osservare	Le osservazioni vanno effettuate esercitando il minimo dell'interferenza possibile. Poiché non esiste annullamento completo dell'interferenza perché il solo osservare costituisce un elemento di variabile, l'osservatore deve limitare al massimo interazione e emissione di segnali e organizzarsi per poter raccogliere dati, se possibile, proprio relativi agli aspetti che andrebbero gestiti meglio
come adattare	Una volta individuati i potenziali ostacoli agli apprendimenti è importante ristrutturare eventuali modalità di insegnamento già in atto e riorganizzare il percorso in modo che si aderente alla singola situazione
cosa adattare	É consigliabile inserire modifiche in modo graduale partendo da obiettivi sostenibili e di facile raggiungimento, per non accumulare frustrazione è consigliabile, specialmente nelle condizioni più compromesse, utilizzare sistemi di apprendimento senza errori. ma anche partire dalla conclusione e aumentare la richiesta a ritroso per favorire la percezione di conclusione e sostenibilità della consegna. Se necessario adattare i percorsi di presa di consapevolezza e sostegno alle esigenze della rete senza mai lasciare questo aspetto al di fuori della proposta di intervento.

12. Apprendimento nella didattica

I percorsi didattici così come sono organizzati spesso generano confusione nel bambino autistico perché piuttosto che favorire l'organizzazione del pensiero la ostacolano.

Francesca, madre autistica di tre figli neuro diversi, racconta di come deve costantemente destrutturare e riorganizzare le informazioni fornite dalla scuola per permettere che siano fruibili per i figli.

Ci sono passaggi, considerati banali perché si basano sull'assunto che ogni cervello funzioni allo stesso modo e compia le stesse deduzioni attraverso gli stessi schemi, che per i cervelli autistici rappresentano consegne incomprensibili.

Al contrario sono proprio i passaggi considerati più elementari quelli su cui si deve esercitare con maggiore attenzione l'esplicitazione dei singoli punti nel dettaglio.

Una delle cose che desta maggior stupore nei miei interlocutori è che fino a quasi la fine del liceo non avevo assolutamente capito come funzionasse la scuola. Non avevo idea che esistessero dei programmi, non mi era chiara la dinamica delle verifiche, a stento capivo cosa fossero le interrogazioni. Se un argomento destava il mio interesse lo approfondivo al massimo delle mie possibilità (non esisteva ancora internet e gli strumenti a mia disposizione erano i libri), al contrario quelli che ritenevo non interessanti faticavano ad agganciare i miei interessi.

Spesso le incoerenze mi infastidivano e le lentezze e le ripetizioni erano per me un tormento. Se avessi avuto un quadro chiaro di cosa si stava facendo sicuramente le cose sarebbero state diverse.

Quello che noto oggi nei programmi è che raramente rispettano le esigenze della neurodiversità, si fa molta fatica ad organizzare un diario/programma adattandolo serenamente a tutto il gruppo classe, spesso i docenti non sono adeguatamente preparati sull'argomento e il turn over degli insegnanti di sostegno scombina ogni sistema. L'uso della stanza di isolamento è spesso inadeguato e finisce per diventare un rinforzo di comportamenti inadeguati piuttosto che essere un'oasi per ricaricarsi dopo un certo tempo di esposizione alla sovrastimolazione e fissare gli apprendimenti.

Utilizzo della stanza:

Scorretto	Corretto
Resisto finché è possibile poi allontano il bambino/ragazzo quando il suo comportamento diventa ingestibile (urla, vaga per la classe, scaraventa oggetti, manifesta aggressività); svolgo attività uno a uno per quasi tutto il tempo delle ore scolastiche; utilizzo tipo sala giochi.	Stabilisco a priori momento e durata dell'utilizzo della stanza; Annuncio e programmo sia i momenti di utilizzo della stanza che le attività che verranno svolte; inserisco attività di lavoro alternandole ad attività di defaticamento; stabilisco regole per l'ingresso e l'uso dello spazio e per il congedo; associo ad ogni momento una percezione di vantaggio; associo al reinserimento in classe una percezione di vantaggio sia per il diretto interessato che per il gruppo classe (Token per la classe ad esempio, sul modello anglosassone).

Altre volte paradossalmente c'è un eccesso di buonismo e per accogliere le esigenze di ragazzini con profili comportamentali difficili si chiede al gruppo classe l'impossibile.

Tutto questo accade perché non c'è chiarezza, non c'è un protocollo unico di riferimento, non c'è lavoro di rete e spesso i genitori sono tagliati fuori.

Suggerimenti per la didattica:
- Organizzare programmi espliciti;
- Organizzare calendari chiari
- Stabilire a priori gli obiettivi e le eventuali alternative
- Esplicitare ruolo e calendario delle verifiche, se possibile fare simulazioni (per tutto il gruppo classe)
- Utilizzare gratificazioni che non siano i soli voti/giudizi
- Organizzare rituali di avvio e conclusione di attività
- Esplicitare le regole
- Organizzare simulazioni e preparazione di attività extra
- Stabilire regole per eventuali imprevisti
- Stabilire a priori programmi didattici e verifiche in itinere, in modo da avere tempo di adeguare gli obiettivi

• Evitare il sovraccarico dei compiti a casa, specialmente per i bambini (tutti) che fanno il tempo pieno

• Organizzare eventuali compiti e consegne in base agli agganci di interesse (Da ogni argomento si può arrivare a tutto il resto, Grandin)

• Anticipare ogni passaggio e poi condividere le impressioni sugli apprendimenti

Cosa è importante ricordare:

• Nella percezione autistica ciò che è veicolato da impliciti o segnali non verbali non esiste

• Il ruolo della sensorialità è determinante anche per l'apprendimento

• L'utilizzo del linguaggio segue criteri diversi

• Le competenze potenziali sono disomogenee, un autistico con eccellenti doti logico matematiche potrebbe avere cadute vertiginose nelle materie umanistiche, non sta "fingendo" e non sta "prendendo in giro nessuno"

• L'apprendimento relativo ad argomenti che non sono picchi di competenza possono "cancellarsi" immediatamente e potrebbe essere necessario ripetere molte volte anche fasi elementari

• Molti autistici hanno fenomeni di sinestesia e/o pensiero visivo, bisogna prestare attenzione a cosa viene comunicato e a quale effetto potrebbe avere (ad esempio evocare scenari cruenti o spaventosi o che generano fenomeni sinestetici dsgraditi)

• Tutelare: un minimo di condivisione delle esigenze del singolo con il gruppo è necessario ma fornire troppe informazioni espone a rischio di abuso

• L'adattamento della singola classe alle esigenze della singola persona vincola quella persona a quella classe riducendo il margine di possibilità di alternativa e libertà nel caso volesse esercitare il diritto di spostarsi

• Eventuali programmi personalizzati dovrebbero poter lasciare un margine, ove possibile, di potenziale di adeguamento al programma condiviso durante lo sviluppo per impedire che alla persona sia precluso il percorso formativo riconosciuto

• Fornire elementi concreti che possano favorire agganci per la generalizzazione

13. Apprendimento nel problem solving

Individuare la strategia più vantaggiosa per affrontare un imprevisto è cosa non semplice. Per poter acquisire un apprendimento efficace in questo ambito sono necessari alcuni prerequisiti. In tutti quei casi in cui i limiti cognitivi o la profondità della manifestazione determinano una interferenza importante in questi processi sarà dovere di chi è responsabile della tutela e del benessere dei diretti interessati organizzare gli ambienti in modo da ridurre al massimo possibile imprevisti o situazioni fortemente destabilizzanti.

Per tutte le altre condizioni, in modo proporzionato alle caratteristiche di ogni singola persona, il lavoro sullo sviluppo della flessibilità e delle strategie alternative è un aspetto degli apprendimenti che andrebbe considerato sempre e organizzato in modo che sia graduale e dolce.

Esempio di schema di riferimento:

• Organizzare schemi di sequenze semplici e brevi

• Assicurarsi che il prerequisito sullo sviluppo della flessibilità e la gestione delle alternative sia interiorizzato

• Anticipare e concordare programmi che contengono un elemento con alternativa, annunciato, in modo che l'apprendimento del cambiamento sia percepito come controllabile, senza sorprese

• Analizzare e individuare scelte entro un numero di alternative possibili limitato, e ripetere numerose simulazioni prima di mettere in pratica alcuni degli elementi acquisiti in ambiente protetto e con supporto

• Concordare la ricerca di alternative possibili durante ragionamenti svincolati da percorsi appositamente strutturati ma che fanno riferimento a schemi espliciti

• Individuare segnali di disagio e non fare pressione

• Non avere fretta

• Ripetere simulazioni in ambienti reali e contesti diversi

• Strutturare un sistema di tutela per le emergenze, possibilmente scritto

• Mantenere obiettivi sostenibili, proporzionati al potenziale reale

14. Apprendimento delle autonomie

Le autonomie personali sono il "Pacchetto base" per considerare la possibilità che si concretizzi un minimo di vita indipendente (Caretto). Attività come tenere pulito il proprio corpo, organizzare l'alimentazione minima, gestire i propri oggetti, vestirsi, muoversi fuori casa anche per percorsi brevi e noti sono elementi di base di tutto il percorso educativo genitoriale. Eppure, per percepita comodità, per abitudine, perché si continua da un lato a ritenere, per chi ha condizioni funzionali, che "In futuro" poi svilupperà da solo tali competenze, dall'altro, per chi ha severi limiti, che "tanto non può capire", la quasi totalità dei bambini e giovani autistici al momento segue corsi per apprendere criteri di socializzazione (tipica), logopedia, psicomotricità (spesso riconducibili ad attività di montaggio di puzzle), e poi viene lavato, vestito e nutrito dai genitori fino all'età adulta.

Un dato empirico interessante è che, come è intuibile, i problemi maggiori si generano quando genitori e figli appartengono a popolazioni diverse: ad esempio i genitori tipici di figli autistici sono quelli che portano questa abitudine anche fino all'età adulta.

Il distacco dall'avere cura fisicamente di un figlio in condizione di vulnerabilità non è semplice. Bisogna abbandonare abitudini solide su cui si è strutturato a volte l'intero sistema famiglia e in cambio, nelle condizioni compromesse, non si otterrà mai una totale e completa autonomia. La resistenza quindi è comprensibile. Resta però da considerare che spesso negli autismi la condizione di limite è determinata dalla profondità della manifestazione autistica più che da un reale deficit cognitivo. È un elemento importante da valutare perché i genitori non possono garantire assistenza per sempre e in assenza di strategie acquisite, preferibilmente entro una determinata finestra temporale, persone che potrebbero ad esempio essere inserite in contesti di appartamenti condivisi e assistiti, una volta sole non possono che finire istituzionalizzate.

Un percorso di presa in carico e di sostegno alla famiglia in questi casi è assolutamente determinante.

Per i genitori tipici è incomprensibile come si possa non apprendere ad esempio a lavarsi correttamente le mani una volta dato l'input. Nell'autismo non esiste evoluzione spontanea dell'apprendimento e istruzioni non dettagliate ottengono risultati non precisi, approssimati.

Un problema sociale enorme si manifesta con la gestione della pulizia dopo l'uso della toeletta. Se le indicazioni non sono fornite in modo completo e minuto, se, nei casi più delicati, la manualità non è esercitata attraverso esercizi mirati e graduali, la competenza non si acquisirà mai.

Assieme alle regole di buona educazione, all'apprendimento del linguaggio, andrebbero inserite tutte le tappe dell'apprendimento delle autonomie, adattando il linguaggio alle esigenze della persona interessata e possibilmente anche l'ambiente.

Le informazioni vanno esplicitate e i passaggi stabiliti attraverso tappe precise, con chiarezza e serenità. L'obiettivo è riuscire a raggiungere la maggiore autonomia possibile prima della preadolescenza.

Se una persona va in confusione quando deve scegliere un capo da indossare si può suggerire di pianificare in anticipo la scelta (considerando sempre alternative possibili) o si può ricordare che comperare numerosi capi uguali è una cosa confortevole per 'autismo.

Di seguito uno schema per l'apprendimento della manualità specifica, prerequisito necessario all'apprendimento della competenza di autonomia nel pulirsi dopo aver utilizzato la toeletta.

Prima parte: lavoro a tavolino

• Presentazione dell'attività attraverso il programma del primo passaggio: sporcare e poi pulire il fondo di un oggetto che abbiamo davanti, come un piatto leggero o un contenitore di plastica (deve essere favorita la manualità, oggetti pesanti determineranno un non investimento)

• Esempio pratico: mostrare il primo passaggio

• Effettuare l'attività

• Premiare

• Ripetere inserendo l'attività nel programma quotidiano

• Passaggi successivi graduali che vanno effettuati secondo lo stesso schema: la variabile inserita deve essere una sola per volta e la competenza di pulire con della carta di diverso tipo, inclusa quella igienica, il fondo di un oggetto sporcato con passata di pomodoro o sostanze simili deve potersi allargare alle posizioni laterali

• Se necessario può essere fatto un passaggio per pulire il piatto di plastica posizionato proprio dietro il fondo schiena

Seconda parte: lavoro pratico

• Inserire l'apprendimento prassico nel programma di utilizzo della toilette. Il programma a seconda delle competenze può essere solo un elenco di frasi, meglio se scritte, o di immagini o addirittura di oggetti che evochino i passaggi.

Imparare a gestire l'igiene, l'abbigliamento in modo che sia dignitoso ed efficacemente tutelante nei confronti della temperatura ma anche per questioni legate all'esposizione sociale, l'alimentazione secondo i massimi livelli possibili e apprendere secondo il massimo possibile del potenziale a gestire gli spostamenti è il bagaglio minimo indispensabile per favorire un buon livello di qualità della vita.

Cosa si intende per "Massimo del potenziale possibile"?

Poiché l'autismo non è una patologia ma è uno dei tipi di organizzazione sul quale, laddove presenti in forme molteplici a volte diametralmente opposte tra loro, si possono presentare anche delle condizioni patologiche, esattamente come avviene nelle condizioni neurotipiche. Avremo autistici che possono diventare chef e altri che impegneranno un numero consistente di ore e giorni e anni della vita ad apprendere modalità funzionali per consumare il pasto che qualcuno ha preparato per loro. Nel mezzo un universo di possibilità diverse: autistici in grado di gestire l'igiene di numerosi figli oltre al proprio e autistici che avranno bisogno di essere guidati per apprendere come pulirsi dopo aver espletato le funzioni corporali; autistici in grado di disegnare abiti che poi saranno venduti e altri che faticheranno a comprendere come mai qualcuno fa loro pressione affinché si cambino i vestiti; autistici in grado di pilotare aerei e altri che non riusciranno mai ad attraversare la strada in autonomia. Anche se non si può imparare ad attraversare una strada perché le variabili sono troppe per essere calcolate in un tempo utile si può apprendere a fermarsi prima di attraversare e individuare una regola che tuteli dal rischio di finire in strada senza nemmeno accorgersene. In questo caso quello è il massimo possibile ed è diritto della persona in questione essere messa nelle condizioni di poterlo apprendere nel modo più corretto.

L'approccio rispettoso nei confronti delle condizioni patologiche oggettivamente severissime (paralisi cerebrale infantile, grave ritardo mentale, ecc..) non intende sminuire il carico drammatico di queste condizioni, che restano condizioni di severo svantaggio, siano esse su base autistica o neurotipica, intende attribuire però ad ogni condizione umana compatibile con la vita il valore e il riconoscimento di rispetto e dignità e la possibilità di individuare parametri realistici che garantiscano al massimo possibile un beneficio in termini di soggettivo miglioramento di qualità della vita delle persone coinvolte. Va ricordato che, per quanto riguarda l'autismo tutto, solo una minima parte delle diagnosi riguarda condizioni severe e che, pur rientrando ufficialmente nel quadro diagnostico standard, molte delle diagnosi di autismo severo, basandosi solo sull'osservazione di parametri comportamentali, possono includere una fascia di popolazione NON neurodiversa.

Da ricordare:

organizzare l'apprendimento

- secondo criteri che sono veicolati in modo esplicito
- attraverso esercizi che vanno guidati
- supervisionandolo
- in sequenze singole che poi vanno concatenate
- secondo un concatenamento graduale
- valutando che sia interiorizzato prima di inserire una nuova variabile o raggiungere un passaggio successivo

Poiché esiste molta confusione sull'argomento "guidare" ritengo sia importante esplicitare un elemento: fornire istruzioni costanti durante tutta la sequenza NON è il modo corretto di guidare. Si tratta di una modalità "Navigatore" messa in pratica empiricamente da molte famiglie per questioni di immediatezza, percezione di praticità. La strategia risolve nell'immediato (strategia "Toppa") ma amplifica il problema a lunga distanza. La persona non fa altro che seguire le istruzioni di volta in volta, esattamente come chi guida con il navigatore, che poi non è in grado di ripercorrere la strada appena percorsa e non può raggiungere autonomamente l'obiettivo a cui è arrivato perché non ha memorizzato, compreso, interiorizzato i passaggi.

Come evitare l'effetto "navigatore"? Esempio doccia:

Modello "Navigatore"

• spogliati

• metti i vestiti nel cestone.. bravo!

• Adesso apri il rubinetto della doccia.. no aspetta, non entrare.. aspetta che sia della temperatura giusta.. aspetta che controllo io... ecco... adesso va bene, vedi?

• Prendi il sapone..

• Dai.. comincia.. eh.. e le ascelle?... bravo .... Dai fallo da solo, lo sai fare! .. no, qui non hai fatto la schiuma, vedi.. faccio io aspetta.. ecco.. poi però fai da solo eh.. lo sai fare benissimo...

• E così via ...

Modello guida funzionale

• Lavoro a tavolino sui prerequisiti: organizzare la prima sequenza del programma. IMPORTANTE: si può scegliere per le sequenze semplici di seguire l'ordine temporale, per quelle più complesse come l'autonomia negli spostamenti è preferibile iniziare dall'ultimo passaggio per fissare il comportamento conclusivo associato alla percezione di competenza e gratificazione in una sequenza sostenibile, e per soddisfare, rispettare e UTILIZZARE il valore/risorsa delle dinamiche di hunting autistico: concludo un percorso.

• Ripassare la prima parte della sequenza di azioni, quella da eseguire in autonomia

• Avviare l'azione che va eseguita in autonomia supervisionando (è importante non interferire durante questa fase ma anche organizzarla in modo che possa essere eseguita in modo sostenibile senza errori – Apprendimento senza errori)

• Gratificare

• Accompagnare durante le altre fasi strutturandole in modo che siano riconoscibili per il successivo lavoro a tavolino da dedicare ad ogni passaggio

• Concatenare due o poche sequenze alla volta ripetendo i passaggi fino all'assemblaggio completo delle sequenze singole e al raggiungimento dell'autonomia nell'intera sequenza necessaria a completare l'attività

• Gratificare

L'inventario di tutti gli apprendimenti interiorizzati, possibilmente realizzato in modo fisico, attraverso schemi, programmi che vanno conservati, elenchi, obiettivi raggiunti e premi meritati, è inoltre uno strumento potentissimo per la struttura di un efficace livello di autostima e per fissare il legame di fiducia con la rete.

Raccomando in presenza di fratelli di non fare distinzioni nella quantità di attenzioni e premi ma solo di utilizzare differenze qualitative adeguate.

L'autonomia personale è alla base di ogni progetto di apprendimento. Di seguito uno schema che evidenzia il ruolo dell'igiene della quotidianità e delle autonomie negli apprendimenti in ambito di Affettività e Sessualità:

| A) Igiene della quotidianità | B) Autonomie | C)
1.Codice condiviso
2. Preparazione della rete
3. Attenzione a conferme e disconferme
4.Educazione Affettivo Emotiva: cosa sento, come sento, chi sono
5. Educazione alla tutela del corpo
6. Educazione alla Sessualità (I fase, infantile)
7. Educazione alla Sessualità (II fase verso l'autonomia della pratica)
8.Preparazione ai Piani B |

15. Apprendimento finalizzato all'inserimento lavorativo sostenibile

Così come per il criterio della valutazione del potenziale nell'apprendimento delle autonomie individuali ci sono anche criteri per la valutazione del potenziale degli apprendimenti professionali.

É importante considerare che nell'autismo il raggiungimento delle minime autonomie personali non corrisponde necessariamente al potenziale in ambito lavorativo e tecnico.

Che vuol dire? Vuol dire che persino un brillante ingegnere autistico potrebbe avere una gestione dell'igiene personale considerata socialmente discutibile e che un ragazzo perfettamente in grado di mantenersi pulito e in ordine possa non avere i requisiti minimi necessari per un qualsiasi impiego non protetto.

Si tratta, come quasi tutto nell'autismo, di competenze che vanno considerate su piani diversi.

La realtà del lavoro e l'autismo in questo periodo storico non sono purtroppo in buona sintonia: Lo sbilanciamento culturale esclude a priori la popolazione autistica dai circuiti di lavoro e rende le cose complicate anche per molti tipici.

Quando di tratta di inserimento lavorativo concreto tutto si complica. Esistono strutture che ad esempio si vantano di assumere in modo particolare gli autistici. La condizione è che abbiano un picco di competenza nel settore specifico, non esistono posti di lavoro ad esempio nella gestione del personale o nella formazione, per gli autistici. Al tavolo delle decisioni sempre e solo neurotipici. Questo schema non rappresenta un modello funzionale. La quota Blu tra docenti, cargivers, educatori, responsabili, formatori è la misura reale del potenziale di successo di ogni iniziativa associabile all'autismo.

I centri che pongono la questione dell'addestramento professionale spesso non hanno in mente cosa sia realmente un percorso di addestramento al lavoro e i centri migliori risultano essere ibridi in cui si realizza oggettistica che poi si tenta di vendere nei mercatini di beneficienza. Poiché non esiste quasi mai retribuzione per i lavoratori è importante esplicitare che nessuno di questi percorsi può essere considerato veramente lavoro. Vi sono pochi altri esempi di inserimento lavorativo concreto ma nessuno garantisce un compenso adeguato e nessuno potrebbe sussistere autonomamente.

Come organizzare un buon programma per l'inserimento lavorativo delle persone autistiche?

Il requisito fondamentale è quello di preparare le aziende e incentivare l'accoglienza della diversità e l'impegno verso il compromesso culturale (investimento reciproco). Poi si dovrebbero individuare settori di diverso livello per permettere ad ogni manifestazione di trovare un ambito sostenibile di inserimento e infine collocare, dopo un addestramento mirato, organizzato come tutti i percorsi di apprendimento, gestire l'impiego degli autistici come quello di ogni altro lavoratore, ossia in modo che tale impegno concreto sia vantaggioso per chi lo compie e per gli altri e che questo vantaggio sia quantificabile.

16. Apprendimento di strategie e comportamenti di tutela: impossibile senza mutual investiment

Ogni intervento preventivo con l'obiettivo di acquisire apprendimenti utili alla tutela resta un progetto insostenibile senza un investimento reciproco da parte dell'ambiente o gruppo nel quale il soggetto è inserito. Non è possibile pensare che esista un modo per individuare fattori di rischio e strategie di salvezza se inseriti in un contesto che ha disvalori e intenzioni che pongono la potenziale vittima nella condizione di essere considerata tale. Non esiste nulla che si potrà fare per evitare un rischio senza organizzare un intervento concreto e radicale anche sul contesto.

Questo non vuol dire che non ci sia modo di aiutare o prevenire almeno in minima parte rischi associati ad abusi, bullismo o relazioni disfunzionali. "Se qualcosa può essere imparata vale la pena provare ad insegnarla" (F. Caretto). In particolare per l'autismo consiglierei di organizzare i percorsi di apprendimento di strategie di tutela secondo i seguenti parametri:

Educazione mirata	Il percorso di apprendimento di strategie complesse come quelle che servono per prevenire situazioni socialmente rischiose dovrebbe seguire lo schema di ogni sequenza di apprendimento complessa, partire dalla segmentazione degli obiettivi, assicurarsi che i singoli concetti siano incamerati prima di aggiungere un elemento aggiuntivo, fornire esempi concreti e fissare programma e competenze acquisite in modo visibile. Può essere utile anche fare esercizi di simulazione, ripetuti in contesti diversi e con persone diverse, perché non è detto che uno schema noto in un contesto sia riconoscibile in uno diverso.
Esplicitare TUTTO	È importante non lasciare all'implicito argomenti ritenuti imbarazzanti o difficili, utilizzando un linguaggio adeguato è importante che siano chiare le potenziali conseguenze di errori di valutazione o comportamento evitabili. Poiché questo aspetto potrebbe essere frustrante è consigliabile fornire sempre alternative possibili e organizzare simulazioni realistiche. Ad esempio potrebbe essere importante non sottovalutare che la richiesta di aiuto espressa da un autistico tende ad essere fraintesa. Unna persona autistica potrebbe denunciare uno stupro sorridendo e il messaggio venire recepito distorto.
Usare una terminologia chiara e corretta	È importante che i termini siano comprensibili e i dettagli esplicitati.
Organizzare rete di sostegno	La rete di sostegno non è facile che sia davvero ampia ma è importante che sia solida, affidabile. I componenti della rete vanno preparati, addestrati e devono impegnarsi a coordinarsi. Il rischio di fraintendimento è alto anche nella rete più intima. Non bisogna minimizzare il rischio delle dinamiche di colpevolizzazioni che spesso si innescano quando una bambina o un giovane riferisce di aver subito o rischiato di subire un abuso. Si tratta di situazioni in cui all'interno del sistema possono verificarsi momenti di tensione o l'emergere di rancori taciuti, repressi. Il lavoro sulla rete va preso sul serio.
Stabilire almeno tre figure di riferimento in tre ambiti diversi con cui potersi confrontare	Poiché la statistica insegna che è complesso poter davvero garantire sui garanti risulta molto più tutelante organizzare nella rete almeno tre figure di riferimento affidabili in tre ambiti diversi a cui la persona può rivolgersi in caso di necessità. Anche questo aspetto andrebbe preparato attraverso passaggi e simulazioni.

17. Apprendimento competenze genitoriali

Nelle diverse combinazioni è intuitivamente più facile comprendersi reciprocamente quando genitori e figli condividono lo stesso tipo di organizzazione neurologica di base. Quando le cose stanno diversamente i fraintendimenti reciproci sono comuni e la condizioni di potenziale incomprensione e confusione sono del tutto pari. Ci sono però gli elementi di rete che pongono anche in questo caso le persone neurotipiche, sia nella condizione di genitori che di figli, in una situazione che è maggiormente favorevole perché compensata dalla rete estesa, dal gruppo. A quel punto le persone neurotipiche possono attingere a fonti esterne per ricevere sostegno, confronto e indicazioni. Questa risorsa non è presente nella vita degli autistici per ragioni non imputabili all'autismo ma al modo in cui la società reagisce all'autismo.

Combinazioni potenzialmente favorevoli reciprocamente	Combinazioni potenzialmente fonte di fraintendimenti reciproci
Genitore neurotipico e figlio neurotipico	Genitore neurotipico e figlio autistico
Genitore autistico e figlio autistico	Genitore autistico e figlio neurotipico

La stessa dinamica si estende ad eventuali fratelli e parenti stretti.

Per le condizioni miste le combinazioni variano a seconda dei tratti in prevalenza tipici o autistici, ma resta valido il criterio di rischio di fraintendimento nelle combinazioni di condizioni non simili.

Elenco di alcuni apprendimenti necessari al genitore neurotipico di bambino autistico: cosa è utile imparare a gestire

• Il bambino ha esigenze di cura e sicurezza anche se non manifesta segnali affettivi espliciti a sua volta

• Il bambino ha bisogno di routine e di poter essere preparato ad ogni cambiamento

- Il bambino ascolta e comprende più di quanto si possa immaginare valutando le sue reazioni

- Il bambino è estremamente sensibile agli stimoli presenti in ambiente, l'ambiente dovrebbe essere adeguato alle sue esigenze il più possibile

- Le manifestazioni esasperate non sono mai sproporzionate, la proporzione nella percezione del bambino è perfettamente adeguata alla sua percezione degli eventi: un comportamento esasperato fornisce la misura del sentire

- Il sintomo, sia esso anche disfunzionale, è un alleato prezioso, fornisce la misura dell'adattamento

- Le esigenze sociali e di sostegno restano intatte nell'autismo anche se manifestate in modo non tipico e quindi irriconoscibili

Elenco di apprendimenti necessari al genitore autistico di figlio tipico: cosa è utile imparare a gestire

- Il bambino può utilizzare le richieste in modo imprevedibile

- Il bambino ha bisogno di essere stimolato a volte anche dal cambiamento

- Il bambino ha necessità di confronto tra pari

- Il bambino potrebbe manifestare una richiesta intendendo altro

- Il bambino potrebbe manifestare necessità di non rispettare le regole in modo puntuale o di infrangerle

Promemoria di elementi utili al genitore in condizione mista di bambino autistico:

- Quando ero piccolo avevo comportamenti simili a quelli di mio figlio ma non essendo autistico non posso veramente capire e sapere cosa sente lui

- Io sono cresciuto in un contesto diverso e anche i tratti simili risentono di questo elemento

- Avere alcuni tratti del profilo autistico non vuol dire essere autistici, il fatto che io abbia sviluppato autonomamente competenze di adattamento non vuol dire che anche mio figlio possa o sappia farlo

Apprendimenti primari per il bambino autistico.

Gli apprendimenti primari per il bambino autistico non differiscono in nulla da quelli necessari a tutti gli altri bambini. Quello che cambia quindi non è il "COSA" serve come prerequisito per tutti gli apprendimenti in generale, ma il "COME" questi elementi sono organizzati.

Il bambino autistico deve poter essere messo nella condizione di poter apprendere che:

- Il mondo è un posto sicuro
- Le persone che lo circondano sono affidabili
- Le variazioni avvengono con ragionevole preavviso
- Il suo sentire non è sbagliato
- Ha il diritto di potersi dedicare a quello che gli piace
- Ha il diritto di poter protestare se costretto a fare qualcosa che teme o non gradisce
- Ha diritto ad essere educato in maniera sicura, tutelata e rispettosa
- Ha il diritto di avere paura
- Ha il diritto di scegliere stimoli che non lo disturbano
- Ha diritto di poter sviluppare le sue competenze nei tempi di cui necessita
- Ha il diritto di poter apprendere nel modo in cui può imparare
- Ha diritto ad avere dei limiti
- Ha diritto di poter sviluppare il suo potenziale
- Ha il diritto di essere considerato un bambino prima di ogni altra cosa

Questi apprendimenti di base sono lo strato di competenze e credenze sulle quali si struttura tutto l'apprendimento a seguire.

É importante che genitori ed educatori sappiano che esistono finestre temporali per gli apprendimenti e che alcuni percorsi inseriti precocemente o troppo tardi non hanno effetti o non ne hanno di funzionali, superato l'arco di tempo favorevole i risultati e le aspettative devono ridimensionarsi in proporzione.

Per cause legate sia ad aspetti biologici che ambientali le competenze di apprendimento delle femmine tendono a differire rispetto a quelle dei machi in alcuni ambiti.

In particolare nelle femmine è favorito il multitasking rispetto ai maschi e questo permette lo sviluppo di una certa flessibilità maggiore anche se non paragonabile a quella neurotipica.

L'accoglienza della società alle femmine è di maggiore tolleranza, questo tende a favorire una misura più alta dell'autostima e a far accumulare maggiori elementi di rinforzo favorendo i percorsi di apprendimento in generale.

Anche nelle condizioni maggiormente compromesse tende a restare intatta nella femmina più che nel maschio l'inclinazione a favorire elementi quali la socialità e la condivisione degli interessi.

Apprendimenti che andrebbero rinforzati maggiormente nelle femmine:

• Autonomie personali e progetto di vita indipendente piuttosto che attenzione alla socialità

• Progettazione e pianificazione del futuro dissociata dai soli legami e favorendo le competenze fruibili ad un futuro inserimento professionale

• Gestione degli argomenti di interesse in modo tutelante (ad esempio calcolare che l'attenzione all'estetica potrebbe favorire sviluppo di necessità di approvazione o disturbi dell'alimentazione)

• Cura dei picchi di competenza in previsione di una tendenzialmente maggiore probabilità di sviluppare competenze di adattamento alla cultura tipica, fenomeno che ne determinerà la perdita irreversibile senza compensazione di strumenti tecnici

• Acquisizione di competenze di tutela da abusi, prevalentemente di tipo sessuale ma non solo, e allenamento all'utilizzo di una rete affidabile

Apprendimenti (alcuni) che andrebbero rinforzati maggiormente nei maschi:

- Autonomie personali
- Gestione della frustrazione
- Ruolo della condivisione e della ricerca di dati oggettivi per l'evoluzione di idee e pensieri
- Acquisizione di competenze di tutela da abusi, prevalentemente di prevaricazione e bullismo ma non solo, e allenamento all'utilizzo di una rete affidabile
- Acquisizione di competenze tecniche e rinforzo di interessi sostenibili e potenzialmente fruibili in un futuro ambito di inserimento lavorativo o gestione di una vita il più possibile indipendente

Conclusioni

Le persone autistiche hanno caratteristiche che determinano l'insieme di ogni processo neurologico. L'apprendimento è uno dei processi neurologici di maggiore importanza perché da esso dipendono gli adattamenti ad ambienti e situazioni che favoriscono il successo di strategie e l'inserimento, ma soprattutto, anche laddove un inserimento spontaneo e indipendente non sia tra gli obiettivi sostenibili, un margine di raggiungimento minimo tra gli obiettivi di acquisizione di apprendimenti è alla base del raggiungimento di un soddisfacente livello di buona percezione di qualità della vita.

Cambiano le strategie ma la sostanza e i diritti di ogni persona, autistica o non autistica, sono gli stessi. Dovere del caregiver è quello di fornire le condizioni migliori affinché le informazioni, i dati e le pratiche veicolati possano diventare effettivo bagaglio dell'insieme di competenze e conoscenze del destinatario dell'intervento educativo. Seppure sia innegabile che attualmente esistano alcuni rarissimi programmi e interventi ben organizzati, strutturati in modo adeguato e che siano rispettosi, troppo spesso si tratta del risultato di iniziative individuali di professionisti dotati e sensibili, che investono di tasca propria per formarsi adeguatamente e che si informano, si mettono in discussione e vogliono fortemente agire correttamente, e non di un protocollo unico e di principi condivisi.

Conoscere le dinamiche di funzionamento dei processi neurologici alla base delle manifestazioni che caratterizzano l'autismo è la condizione necessaria per poter strutturare un percorso che sia al contempo valido, etico e concretamente utile.

É importante organizzare un efficace lavoro di osservazione prima di ogni proposta di intervento e adeguare gli obiettivi in modo che il raggiungimento degli stessi non abbia il solo valore di una spunta in un elenco ma arricchisca l'esperienza individuale anche attraverso il percorso che porta al raggiungimento di quegli obiettivi.

Inoltre è importante valutare le conseguenze a lungo termine di ogni percorso, avere una vision in prospettiva e saper rinunciare a progetti la cui sostenibilità è discutibile. Un autistico potrebbe ad esempio non acquisire mai competenza verbale per vari motivi tra i quali ritardo nella diagnosi, intervento educativo non adeguato o tardivo, ma mantenere intatta una intenzionalità comunicativa che potrebbe rappresentare un elemento di risorsa in prospettiva di un inserimento futuro. Porsi l'obiettivo dell'acquisizione di apprendimento della pronuncia di parole in questo caso potrebbe essere un investimento più oneroso rispetto al valore del risultato stesso. Se poi il percorso è effettuato in modo non aderente ai reali bisogni del diretto interessato, la sua percezione di vantaggio potrebbe addirittura annullarsi. La percezione di vantaggio concreto e di miglioramento della qualità della vita è sempre da considerarsi la misura della qualità dell'intervento.

Bibliografia:

Al-Ghani K. I., The Red Beast: Controlling Anger in Children With Asperger's Syndrome

APA, DSM 5, 2013

Attwood Tony, The Pattern of Abilities and Development of Girls with Asperger's Syndrome

http://www.tonyattwood.com.au/index.php?Itemid=181&id=80:the-pattern-of-abilities-   and-development-of-girls-with-aspergers-syndrome&option=com_content&view=article

Attwood Tony, Asperger and Girls, 2011

www.autismsupportnetwork.com/news/video-dr-tony-attwood-girls-aspergers-autism- 204355432

Baron Cohen Simon, Weelwright Slly, The Emmpathy quotient: An investigation of adults with Asperger Syndrome or High Functioning Autism and normal sex difference, Journal of Autism and Developmental Disorder, Volume 34, 2004

Baron Cohen Simon, Does Autism occur more often in families of Physicists, Eingineers and Mathematicians? Research Article, Sage Journals, 1998

Bennetto L, Keith JM, Allen PD, Luebke AE, Children with autism spectrum disorder have reduced otoacoustic emissions at the 1 kHz mid-frequency region, 2016

Boggio Sara, Di Biagio Luisa, Un ragionevole compromesso, Edizioni Mimesis, 2016 Caretto Flavia, Autismo e autonomie personali, Erickson, Trento, 2012

Crespi Bernard Killam, Badcock Christopher, Psychosis and Autism as diametrical disorders of the social brain, Behavioral and brain sciences, 2008

Di Biagio Luisa, Donne in Blu, Dissensi, 2018

Di Biagio Filippo, Di Biagio Luisa, Teste di Zucca, Creativa Edizioni, 2018 Di Biagio Luisa, Una vita da regina ... dei cani, Erickson, Trento, 2011

Di Biagio Luisa, Comprendere l'Autismo, Amazon, 2012

Di Biagio Luisa, Intervista di Ilaria Cosimetti sull'Autismo http://www.stateofmind.it/2013/05/autismo-dr-ssa-di-biagio/

Di Biagio Luisa, L'importanza del focus sull'autismo fisiologico http://www.psicolab.net/2013/asperger-autismo-fisiologico/

Di Biagio Luisa, Autismo e Psicosi, http://www.psicolab.net/2011/autismo-psicosi/

Di Biagio Luisa, Affettività e Sessualità nella Neurodiversità , http://www.psicolab.net/2011/affettivita-sessualita-neurodiversita/

Di Biagio Luisa, A cura di, La sensorialità autistica raccontata dagli autistici, 2012, Amazon, http://www.amazon.it/Sensorialit%C3%A0-Autistica-Raccontata-Dagli- Autistici-ebook/dp/B008BODJCI/ref=pd_sim_kinc_2/280-2169066-5343449?ie=UTF8&refRID=1ERSWHYEEGES7TW601CH

Eyler Lisa T., Pierce, Courchesne Eric, A failure of left temporal cortex to specialize for language is an early emerging and fundamental property of autism, 2014

Fitzgerald Michael, Interview, Human Givens Journal, volume 13, N.4, 2006

Gernsbacher Morton Ann, Dawson Michelle, Hill H., Three reasons not to believe in an Autism Epidemic, www.autcom.org/pdf/Epidemic.pdf

Grandin Temple, Pensare in immagini, Erickson, Trento, 2001 Grandin Temple, Panek Richard, Il cervello autistico, Adelphi, 2014 Grandin Temple, La macchina degli Abbracci, Adelphi, 2012

Hadjikhani et al., Emotional contagion for pain is intact in autism spectrum disorders Translational Psychiatry, Nature, 2014

Jacquemont Sébastien, P. Coe Bradley, Hersch Micha, Beckmann Jacques S., Rosenfeld Jill A., Eichler Evan E., A Higher Mutational Burden in Females Supports a "Female Protective Model" in Neurodevelopmental Disorders, The American Journal of Human Genetics, VOLUME 94, ISSUE 3, P415-425, MARCH 06, 2014,

Keller Flavio, Ricerca su autismo e schizofrenia, Laboratorio di Neuroscienze dello sviluppo dell'Università Campus Biomedico di Roma, con

EBRI, Università di Milano, Università di Torino e Istituto Cajal di Madrid, Neurobiology of Desease, UCBM: Predisposizione genetica e fattori ormonali alla base delle differenze nell'insorgenza dell'Autismo e della Schizofrenia tra maschi e femmine, 2010

Happè Francesca, Finding the female faces of autism, The Academy of Medical Sciences, 2018

Lane Charles, "Si può praticare eutanasia su persone con disturbi mentali?", Washington Post, 2016

Livingson, et al, Good social skills despite poortheory of mind: exploring compensation in autism spectrum disorder, Journal of Child Psychology and Psychiatry. DOI: 10.1111/cjcppp12886, High IQ autistic people learn social skills at a price

Lukose R1, Brown K, Barber CM, Kulesza RJ Jr., Quantification of the stapedial reflex reveals delayed responses in autism., Autism Res. 2013 Oct;6(5):344-53. doi: 10.1002/aur.1297. Epub 2013

Mottron Laurent, Changing perceptions, The power of autism, Nature volume 479, pages 33–35. November 2011

Sainsbury Claire, Un'aliena nel cortile, Uovonero edizioni, 2012

Spikins Penny, How our autistic ancestors played an important role in human evolution, University of York, 2017

9 788885 774049